どんな相手でもストレスゼロ！
超一流のクレーム対応

客訴管理

讓你氣到內傷的客訴，
這樣做都能迎刃而解！

日本第一流客訴管理大師
谷厚志 ㊔
賴郁婷……………………譯

前言

面對顧客怒氣的恐怖壓力……客訴是悲劇還是轉機？

給極度討厭客訴的你

大家好，我叫做谷厚志，是個能夠將顧客的怒氣轉為笑容的客訴管理顧問。

市面上關於客訴應對的書籍琳瑯滿目，我由衷感謝各位選擇了這本書。

在接下來的內容裡，我將竭盡所能傳授各位關於客訴的應對技巧。希望各位都能夠讀到最後。

首先，在各位當中，有人或許對「客訴管理顧問」的工作內容不是很瞭解，也可能對於轉化顧客的怒氣為笑容一事，抱持著懷疑的態度。所以在此，請先容我簡單自我介紹一下。

先說我為什麼要從事關於客訴應對的工作，以及寫這本書的原因。我從過去就一直任職於企業客服中心的客訴應對部，經手過兩千件以上的客訴案件。

「經手過兩千件以上的客訴案件」，這句話現在說起來或許很簡單，不過在當時，我對於客訴應對的工作，其實感到非常討厭，甚至覺得**「這種工作爛透了！」「投訴的客人都是『惡魔』」**。

有很長一段時間，每天晚上睡覺前，我只要想到明天又得面對客訴，整個人就恐懼到渾身顫抖、睡不著。不僅如此，早上要出門上班時，就會開始發燒。應對客訴的壓力，甚至讓我罹患圓形禿，經歷了非常多的痛苦。

如今回想起來，那時候自己也犯下了許多相當可笑的錯誤。因為應對不當，使得顧客更憤怒的例子也不在少數。不過，透過這些錯誤學習，我研究出一套「**讓顧客轉怒為笑的應對技巧**」。

如今非常幸運地，我利用這份經驗和技巧，以客訴管理顧問的身分獨立創業。現在，我每年平均開辦兩百場以上客訴應對相關的演講和研習會，也接受許多來自企業的顧問委託，為他們提供有用的實質建議。

我接到委託的行業和業種非常多，除了零售業和服務業以外，還有建築業和製造業、學校、醫院，以及警局、政府機關、市公所、區公所等行政機構，最近甚至還包括律師和社勞士（譯註：社會保險勞務士，提供關於勞資問題和社會保險相關疑問的協助）等，都會來找我尋求協助。

自從接觸這份工作之後，我深刻體會到各種行業中有客訴應對困擾和煩惱的人，實際上相當多。

事實的確如此。即使每天盡全力努力工作，但比起受到顧客的肯定，更多的是憤怒的回應。

「難吃死了！」「動作好慢！」「好髒喔！」「你們又沒有事先說明！」「跟想像中不一樣！」「這麼做是應該的吧！」「叫你們上司出來！」「我要退錢！」……

為什麼這類的客訴會愈來愈多呢？

每天的新聞教導盡是令人沉重的社會案件或企業醜聞。在「格差社會」（譯註：指社會兩極化）一詞行之以久的現今，對社會不滿的人似乎愈來愈多。

企業之間的過度競爭，使得服務變得快速，也餵養出愈來愈多「不想等的人」。過度方便的社會，引發弊害叢生。在網路與社群網站的普及下，每個人都擁有各自的發聲媒介，可以輕易做出客訴或中傷等言論。

另一方面，隨著社會進入高齡化，精神奕奕、活力充沛的老人家變多了，擁有矯正社會意識的老人家（笑），將自己的價值觀強加於企業或店家的例子，也時有所聞。

現在，「沒有耐心」、「不排隊」、「無法靜下來好好聽人講話」、「自己好就好」的人、總是感到焦躁或易怒的人，或許已經變得比以前更多了。價值觀和判斷基準也與過去不同，而且變得更多元化。

將來難道會是一個黑暗、令人絕望的客訴社會嗎？

我並不這麼認為。事實上，以現在的商業環境來說，有愈來愈多人對客訴過度恐懼，無法認真嚴肅地面對溝通。這的確是一大問題。

別再將客訴當成悲劇或惡夢而過度恐慌，或是對客訴應對感到厭惡，給自己壓力了。你也不需要再為了不擅長應對客訴而逃避或敷衍了事。相反地，我希望透過這本書，消除各位對客訴的負面印象，並學會聰明應對的方法。

在接下來的內容裡，我將毫無保留地為各位解說，如何讓投訴的顧客展露笑容、重建雙方良好關係的方法。各位可以將這些當成自己在工作上的基本常識，或是當作武器來善用。

我敢說，應對客訴本身絕非難事。

只要學會應對技巧，各位的溝通能力都能獲得明顯的進步。這也可以視為是提升自己和公司形象的大好機會。

另外，請不要再將投訴的顧客都視為怪人。我過去曾經有好幾次的經驗是，在結束應對之後，原本一開始怒不可遏、令人幾乎無法招架的顧客，最後竟然都開心地告訴我：「謝謝你這麼認真地聽我說話！你是最瞭解我的人」、「你這種應對方式，真的任誰都會滿意啊！」有好幾次，一開始像是惡魔的顧客，最後都讓人真心覺得他變成了天使。

每次當我將顧客變成天使，或是成功將對方的怒氣轉為笑容的時候，自己內心也獲得了安慰，體驗到無比喜悅的瞬間。

當然，我也遇過變不了天使、像真正惡魔的客訴者。關於「天使與惡魔」的分辨方法，同樣會在本書中說明。

不過，各位在接下來的閱讀過程中，請一定要記住：天使真的存在。

關於讓顧客轉怒為笑的所有必備方法，我將毫無保留地傾囊相授！包括「應對時必須抱著什麼心態？」「有什麼必備技巧？」「什麼話可以說、什麼話不能說？」等。

此外，我也會毫無隱瞞地分享過去的失敗經驗。各位可以將過去的我當成負面教材，避免犯下同樣的錯誤。

或許各位在心裡都希望「每個顧客都是有教養、有禮貌，理智而冷靜的人」、「只想面對好顧客」等。

不過，一旦學會客訴應對這種商務溝通技巧，你將會發現，原本視為惡魔的顧客，其實是個天使，甚至可以進一步把對方變成自己的強力夥伴，也就是關係最密切的常客。

各位想用愉快的心情，面對現今這個客訴社會嗎？

希望各位看完這本書之後，會覺得自己學會了超越一流的客訴應對方法。

接下來，就讓我們一起開心進入客訴應對技巧的集訓吧（笑）。

第2章 加速事件愈演愈烈的錯誤應對～絕對不能犯的NG應對～

第3章 一定要知道的危機排除守則 ～平息顧客怒氣的基本原則～

第4章
抓住對方的心，一舉翻轉局面的「一流技法」
～掌握主導權的心態和技巧～

第5章 扭轉重大危機的「超越一流的技法」～分辨天使和惡魔的方法～

第1章

不講理的奧客少之又少？

～奧客變常客的關鍵～

不講理的奧客，造就企業的存在

我經常接到許多來自各種企業和店家老闆的諮詢，問題大概都是「我們這一行經常被客人投訴，根本就是客訴產業」、「最近一些無理的奇怪客訴愈來愈多了，真的讓人很困擾」等。

不過，事實真的是這樣嗎？

自從接觸客訴管理顧問這份工作以來，我內心一直有個疑問：「這應該不是行業本身為客訴產業，根本只是該公司的客訴比較多吧？」「不是顧客無理，而是負責受理客訴的人，應對得不好吧？」

難道不是因為自己對客訴過度反應，覺得「麻煩事又來了，還是快點把它處理好吧！」「完蛋了，事情變麻煩了！」，所以慌了手腳，當下做出不切實際、沒有信用和誠意的應對，結果反而惹得顧客更為光火嗎？

難道不是自己用「我沒有錯」、「事情根本不是這樣」等先入為主的想法，將重要的顧客當成無理的奧客對待嗎？

事實上，**覺得「麻煩事又來了」的人，其實是顧客才對**。

因為事情變得麻煩而深受困擾的人，其實是顧客，不是嗎？

可憐的顧客只不過是希望自己可以得到妥善的應對，不是嗎？用不耐煩的態度面對提出客訴的顧客，做出制式的回應——這種應對方式隨處可見。例如：「車站驗票閘口的工作人員，一臉不耐煩，讓人不禁生氣」、「區公所裡出來面對問題的職員，滿口制式的回應，讓人更想抱怨」等。

的確如此。並不是不講理的奧客變多了，而是因為第一時間的應對不當，使得一開始沒那麼生氣的顧客怒火愈燒愈烈。面對應對者的制式回應，才會讓顧客相對產生「既然你這麼說，我就非要找你麻煩不可」的攻擊心態。

我認為，幾乎所有案例中，**不講理的奧客都是應對者造成的**。

不擅長應對客訴的人，在面對客訴時，腦子裡通常都是一片空白。你已經不知道自己該怎麼回應了，又聽到客人說：「跟你說也沒用，換個人來跟我說！」你自然會覺得自己被否定，認為「又不是我的錯」、「我們也很認真在做事啊……」，於是跟著燃起怒火，覺得「什麼嘛！這個客人根本是在找碴！」也說不定。

不過，如果自己（應對者）採取情緒性的態度，只會更惹怒顧客而已。這對誰都沒有好處。

顧客的抱怨都是錯的嗎？

跟各位分享一個來聽我演講的蛋糕店甜點師傅的案例。

這家蛋糕店最受歡迎的甜點是「特製瑞士卷」，也是這位甜點師傅的得意之作。據說許多客人都自稱是這款瑞士卷的愛好者，每個人都是衝著它，大老遠特地來買。

有一次，某一個買過好幾次瑞士卷的年輕女顧客向店裡提出抱怨，於是甜點師傅做出了以下的回應。

顧客 總覺得上一次的瑞士卷，味道和以前的不太一樣。

甜點師傅 **我們的瑞士卷一直以來做法都一樣，是我拍胸脯掛保證的商品。至於味道，有時候會因為客人的身體狀況而不太一樣，這一點我們也無能為力。**

甜點師傅應該是覺得自己引以為傲的瑞士卷受到質疑，所以變得情緒化，便不容分說地做出這樣的回應。

女顧客可能是被甜點師傅的強硬態度嚇到了，什麼也沒說，滿臉失望地離開了蛋糕店。

然而，之後蛋糕店又接到好幾則來自其他顧客的類似投訴。店家急忙尋問供貨廠商，想找出原因。最後才從瑞士卷使用的雞蛋供貨商口中，聽到以下令人驚訝的告白。

「真的很抱歉！我們沒有告訴你們，其實從三個月前開始，我們就已經更換為另一家蛋廠的雞蛋……」聽到這個事實，蛋糕店的員工無不感到震驚，不敢想像自己對那位女顧客做了什麼事……而那位被迫失望離開的顧客，已經再也不會上門光顧了。

這個案例犯下的最大錯誤，就是沒有傾聽顧客的聲音，武斷地認定問題的原因出在顧客身上。

像這樣無法接受顧客的投訴，認為「自己沒有問題」、「對方在找碴」，所以過度反應的應對者，其實不在少數。

做出錯誤的應對而讓顧客大失所望，流失原本可以建立長期關係的重要常客的例子，事實上非常多。

這個案例可以讓我們思考，在面對客訴時，很重要的一點是，必須站在「**客人說的是事實**」的前提下，真誠地接受對方的抱怨。

為了不讓喜歡你店裡的商品或服務而不斷上門光顧的顧客，臉上的笑容變成怒氣，這一點希望各位務必銘記在心。

奧客不是惡魔

過去我任職於客服中心時，是隸屬於一家專門提供全日本溫泉旅館及飯店訂房服務的旅行社。公司接到的客訴，幾乎都是和投宿旅館或飯店相關的問題。

具體來說都是一些「我住的房間好髒！」「露天溫泉比我在照片上看到的還要小！」「晚餐最後一道螃蟹雜炊，裡頭竟然沒有放海苔和蔥花！」之類的抱怨（笑）。

如何？看到這些客訴內容，你是不是會覺得「果然，客訴都是來自某部分客人的自以為是」、「盡說些無理要求的奧客都是惡魔」呢？

我很瞭解有這種想法的心情。老實說，過去有一段時間，我也是這麼認為。每天被迫不斷傾聽某些客人的自以為是，不禁讓人覺得投訴的客人就像惡魔一樣，令人畏懼。甚至有一段時間，我對應對客訴的工作感到十分厭倦。

我並不是因為現在自己是客訴管理顧問才這麼說，但是如果各位「想學習應對客訴的技巧」，最好要先有以下的認知。

客訴的意義，等同於從顧客身上瞭解到「**公司要怎麼做，才能讓客人滿意呢？**」「**哪些貼心的做法可以讓客人再度光臨？**」「**認真對待客人，對方才會介紹親朋好友來消費**」的道理。也就是說，我希望各位可以將客訴視為來自顧客的「**建言**」和「**改善重點**」。

事實上，很多客訴都會讓人覺得：「什麼嘛！這種說法真讓人火大！」不過，就算是這種令人氣憤的客訴，只要你先放下情緒，好好聆聽，很多時候都會發現，「這種說法雖然讓人火大，不過如果換成是自己遇到這種事，可能也會一樣生氣。」

如果各位正在為客訴煩惱，不禁想吶喊：「請不要在這麼忙的時候，拿這種小問題來煩人，好嗎？」可以試著正面思考，告訴自己：「好，今後我絕對不會再因為同樣的事情被惹怒！」接著從隔天開始，改變自己工作、介紹商品或待客的方法。這麼一來，無論是身為面對顧客的商務人士，或是對組織來說，都能獲得成長和進步。

真的假的？一句「這位客人您是豬嗎？」瞬間惹怒顧客！

這是發生在我客戶的連鎖餐廳的一起客訴案件。

有三位女客人來到店裡用餐，分別點了「燒肉定食」、「漢堡排定食」和「薑燒豬肉定食」。當餐點送上桌時，負責點餐的男員工忘了誰點了什麼，不知如何是好……正當他邊上菜邊詢問「燒肉是哪位客人的？」時，發生了以下事件。

店員 **呃，這位客人您是豬嗎？**

顧客 ……

店員 **請問這位客人您是豬嗎？**

顧客 你說我是豬是什麼意思？太過分了！

店員 ……**啊！真的很抱歉……**（冷汗直流）

這根本是把客人「**叫成豬**」等不可原諒的天大疏失（笑）。

可想而知，當場氣氛瞬間凍結。被喊成豬的顧客一臉憤怒地吃完餐點後，拿起桌上的意見表，怒氣衝衝地寫下客訴，隨即轉身離開。

聽到店長說到這段經過，我不禁爆笑：「真的假的？」不過很明顯地，我們可以從這個案件得到改善作業方式的靈感。

其中可以想到的，包括確實記住顧客點的餐點。就算忘記了，也必須以完整的餐點名稱來詢問顧客，例如：「請問點薑燒豬肉定食的客人是哪一位？」或者還有一個做法是，一開始在菜單上就避免使用「豬」這個說法，改用「香煎肉排」來命名。不過這樣一來，萬一還是說成：「請問客人您是肉排嗎？」恐怕還是會惹得顧客爆怒地說：「誰是肉排啦！」（笑）

為了避免發生這種意想不到的客訴，平時就應該**針對顧客在客訴中提出的問題進行改善**。

更進一步來說，為了避免客訴發生，當自己身為顧客、對店家提供的服務感到反感時，必須以此做為警惕，鍛鍊提升自己的服務能力，別讓顧客留下同樣的感受。

不擅長應對客訴的企業都有相同的「說詞」

無論是無法妥善應對客訴的企業，或是受理客訴的店員惹得顧客更生氣的店家，其實都有相同的說詞。

那就是當面對客訴時，他們用的說法都是「**處理**」。一旦經常使用「**處理客訴**」的說法，只會讓顧客的怒氣變得一發不可收拾。

我在演講或研習講座等場合上，總是不斷強調，**客訴不能靠處理，而是要「應對」**。

一旦認為自己是在「處理」客訴，就會把眼前的顧客當成奧客看待，只會當場應付了事。這的確符合處理原則。不過，我認為這種做法，等於是將一直支持自己的重要顧客，當成垃圾來對待。

我在接受來自企業的客訴相關問題諮詢時，每一家公司提出的資料中，標題幾乎都是用「客訴處理檔案」。**可惜的是，抱著「處理客訴」的觀念，是無法將**

顧客的怒氣轉為笑容的。

相反地，擅於應對客訴的企業，或是能夠將顧客怒氣轉為笑容的組織，面對客訴時，都會自我提醒要秉持「應對」的態度。

換言之，他們不會用「處理客訴」的說法，而是以「應對客訴」來表現。而且，整個組織都具備「以真誠的態度接受客訴」的共識。

的確，如果得在公司內部會議上提「昨天接到一則客訴」，想到可能會因此被上司責罵或找碴，心情就不由得沉重了起來。

習慣「處理客訴」的組織，不僅無法妥善應對客訴，對於客訴報告，可能也無法做到內部共享和經驗運用。

在我的企業客戶當中，有愈來愈多公司在面對客訴時，內部絕對不會使用「客訴」的說法，而是改稱為「建議」或「顧客意見」、「顧客心聲」等。也有很多組織在公司內部分享資訊的會議場合上，都紛紛改用「我們接到來自顧客的改善建議」等說法。

實際上，在我舉辦研習講座的企業當中，有物流公司在進行客訴案件報告時，內部信件上用的說法是「收到來自客戶的寶貴意見」；也有科技公司會以「使公司變得更好的顧客意見」，或是「由顧客所提出、關於公司『發展空間』的建議」等來表現。

透過這些用法，都可以看出從客訴中獲得學習的企業之態度。一直以來，也有不少經營家提出「**客訴是企業的寶庫！**」的觀念。我認為，從對客訴的表現方式（定義），最能看出企業等組織對於客訴的想法和態度。

我再重申一次，**客訴不能靠處理，而是要「應對」**。關於具體的應對方法，在第三章之後將有詳細說明。那麼，一旦妥善應對客訴後，會帶來什麼樣的正面效應呢？

答案是，原本怒不可遏的顧客，臉上的表情會轉為笑容，成為不斷上門光顧的「求之不得的貴客」、「老顧客」、「粉絲」、「忠實顧客」等。沒錯，這時候各位就能體會到「客訴應對的魅力」了。

有客訴才是好事？

第一次接觸商品或服務的新顧客，通常不會有什麼怨言。

因為他們對於該商品或服務，或是該公司或店家，並沒有太多想法或多大的期待。這樣的顧客，最後通常都會抱著「這是第一次嘗試，原來這家公司的商品和服務是這樣啊」的心態默默離開。

那麼實際上，經常接到客訴的企業和店家，又是什麼狀況呢？應該是因為商品或服務很糟糕，或是不受顧客喜歡，才會招來客訴吧？

事實上，這樣的想法並不正確。

客訴之所以會發生，其實是因為「**受到顧客的深厚期待**」。

業績變好，客訴也會隨之增加

「之前都還不錯，怎麼這一次會這樣呢？你們可以振作一點嗎？」一直給予支持的老顧客提出抱怨。「我今後還想繼續支持你們，可是要是再這樣下去，實在讓人很困擾！」

這是客訴發生時，最常見到的情況。

一旦業績上升，老顧客也會增加。客訴通常就是來自老顧客。請大家要有一個認知，顧客變多、業績變好之後，不可避免地客訴自然會增加。

如果業績上升，卻完全沒有任何客訴，反而才應該擔心。這種情況很可能表示你的商品或服務根本沒有吸引力，所以顧客的期待也相對變低了。

尤其是沒有取代性的市公所或區公所等行政機關，或是郵局或地方銀行等貼近地方的企業，正因為客戶的期待很高，客訴的情況也愈嚴重。

同樣的，電視臺和廣播公司等大眾媒體，客訴的情況也比一般企業多。面對觀眾抱怨：「**根本一點都不好笑！**」「**別再找那個藝人上節目了！**」實在讓人很想說：「**不喜歡就別看啊！**」然而，對觀眾來說，他已經將電視融入自己的生活習慣，包括週日晚上全家一起開心看著固定的節目，或是每天早上以看同樣的節目做為一天的開始等。具備這類影響力的服務，通常都會衍生出更大的抱怨。

在這些客訴當中，或許包含客戶的無理責難。不過對客戶來說，他們確實是這麼想，也是真心感到氣憤，就像他們說的：「可以振作一點嗎？」「我每一次都很期待，卻發生這種事情，真的讓人很困擾！」面對客訴，請將它當成是受到顧客的期待。

過去在客服中心工作時，我從公司收到的「顧客意見」中，歸納整理出一個事實。也就是，服務業幾乎不會受到顧客的讚美。比起肯定，抱怨反而占壓倒性的多數。

受理客訴的員工，儘管為顧客盡心盡力，也得不到對方的重視和感謝。

這也是抱著「希望可以看見顧客開心的笑容！」等滿滿鬥志的新進員工，後來受挫的原因。以服務業來說，比起受到顧客肯定，最常發生的情況是被投以怒氣。正因為如此，我希望各位都能學會將顧客的怒氣轉為笑容的客訴應對方法。

我從事客訴管理顧問這份工作最大的原因之一，是因為這些技巧可以將抱怨的顧客變成常客。那種成就感，比受到顧客的肯定要來得深刻，而且會讓人感到非常開心。

因為希望所有為客訴苦惱的人，都能體會到這一點，我才會持續做著這樣的工作。

讓顧客轉怒為笑，變成自己的粉絲吧！

有一位二十幾歲的女性，對著神社的神職人員怒吼：「**我聽說這裡可以幫人提升戀愛運，所以來拜了好幾次，結果我的男人運根本沒有變好！**」淨說一些無理的話。

一位五十幾歲的上班族，在銀行櫃檯前亂發脾氣、大爆粗口：「**你們害我損失了一大筆錢！我有很多話要說，叫你們行長出來！**」

這些全都是我的客戶實際遇到的客訴案件。

或許有些人會感到驚訝，不過這些並不算是惡意的客訴。在之後的內容會提到面對這類客訴的應對方法。即便是遇到這種乍看讓人覺得自以為是的客訴，你也有可能將顧客的怒氣轉為笑容，獲得圓滿的解決。不僅如此，你還能將這些有所抱怨的顧客，變成自己的熟客或粉絲。

各位也想知道將投訴的顧客變成粉絲的方法嗎？

只要提供顧客好的商品或舒服的服務，對方就會想著「下次要再來」而成為回頭客。接著，當他下一次再上門消費時，如果覺得「和上一次不一樣」，便會產生抱怨。不過，對於這時候的抱怨，只要確實妥善應對，就能藉機讓對方成為自己的粉絲。成為粉絲之後的顧客，就不會再有任何不滿，而且還會不斷向外給予正面評價，為公司帶來新的顧客和利益。

不久之前，大家都認為「最好不要發生客訴」。不過現在的觀念不一樣了，因為客訴一定會發生，所以重要的是事先想好對策。

若是在不瞭解客訴應對方法的狀態下去面對客訴，就像沒有拿球拍就上場打網球一樣，根本無法與對方持續對打（對話）。

換句話說，讓不懂得客訴應對的人面對客訴，等於是要他身上沒有綁繩子就去玩高空彈跳，結果只會受重傷而已。因此，請各位不要再想依賴臨機應變或依個案處理，甚或是個人的應對能力了。

這麼說可能還是有人無法置信，不過，對客訴應對感到滿意的顧客，事後會變得像公關經理一樣，不斷為公司帶來新顧客。

因此很重要的一點是，**一定要把應對客訴的工作，當成是為公司創造終身顧客的絕佳機會**。

應對客訴時，絕對不能出差錯

為什麼應對客訴時不能出差錯？

因為一旦出差錯，就會讓顧客再度失望。

在客訴發生的當下，顧客就已經產生反感了。他大可以默默轉身離開，卻因為無法忍住不說出自己的感受，才會提出抱怨。如果店家不能妥善應對這份抱怨，顧客當然會再度感到反感。

比起「服務非常好」的顧客意見，反而更應該傾聽寫下抱怨的顧客之聲音，並且小心應對，使顧客可以繼續給予支持。

提出抱怨的顧客其實是在告訴店家：「只要你們好好做，我下次會再光顧。」

沒錯，**這樣的顧客，其實很想成為你的常客**。

所以我才會說，面對客訴時，在應對上絕對不能出差錯。你必須盡最大的努力，避免讓顧客再度失望，讓他在日後還能繼續給予支持。不能只眷顧某些特定的顧客，對於有所抱怨的顧客，你也要像對那些給予肯定的顧客一樣，把對方當成重要顧客來對待。

應對客訴時一旦出差錯，流失的就不只是顧客的信賴而已，還包括原本可以從顧客身上獲得的「**將來的利益**」。前述提到的蛋糕店瑞士卷走味的客訴，便是很典型的例子。

如果認為就算出差錯，「也不過是少了一個顧客而已」，這與流失日後龐大利益的想法，兩者間的成敗之分，可說是天壤之別。因為你不只流失了來自該顧客的十年利益，也會失去對方為自己介紹其他新顧客的機會，甚至負面評價還會廣為流傳也說不定。

在工作上，難免會因為失敗而受到顧客責難，但是，萬一在後續的客訴應對上出了差錯，將會完全喪失顧客的信任，這是非常嚴重的。因此，各位一定要學會「**終極商務溝通技巧**」，避免在應對顧客抱怨時犯下失敗的差錯。

比起惡質的客訴，更多的是立意良善的客訴

最近很多電視節目和雜誌等媒體，都紛紛推出惡質客訴的專題報導，甚至還有節目一連好幾天，持續播出關於強迫超商店員下跪道歉的惡質客訴報導。不過，這些都只是少部分的客訴案例。

反倒是立意良善、正面的客訴，占了壓倒性的多數。**值得去傾聽及瞭解的客訴，絕對比較多**。這一點請務必謹記在心。

我現在在日本富士電視網的資訊綜藝節目《真的假的？！TV》（ホンマでっか？！TV）裡，以「企業客訴評論家」的身分擔任固定來賓。我過去就曾在節目中，針對怪獸奧客做了解釋。

我指出，即便原本以為是不講理的惡質客訴，只要好好傾聽顧客的意見，會發現多數並非惡意。我之所以受邀上節目，就是為了告訴大家這個觀念。

針對惡質客訴的分辨和應對方法，會在後續的第五章說明。在這裡，各位不

妨先建立一個觀念——大部分的客訴，都可以直接為公司帶來獲利效應。

因為客訴而產生的超級業務員！

跟大家分享一個我自己的故事。前陣子我打算搬家，朋友偶然得知我想換房子時，便告訴我：「如果你要搬到那附近，我認識一個房仲公司的『超級業務員（正確來說是個女性）』，名叫平野。我介紹給你認識吧。」

後來，我根據他的介紹來到房仲公司。出來應對的正好是平野小姐。她的年紀大約五十歲上下，柔和的笑容令人印象深刻，和一般大家印象中的超級業務員感覺不太一樣。這是我的第一眼印象。

我記得很清楚，她在為我介紹房子之前，跟我「**閒聊**」了許多，包括我家裡的成員、我的太太、小孩就讀的小學和幼兒園，甚至還聊到我平時生活以工作為中心，導致近來忙到找不到時間運動等無關緊要的話題。結束這些閒聊之後，她才開始為我介紹幾間房子。

不過老實說，我感到很失望。因為她介紹的房子，跟其他房仲介紹的幾乎完全一樣。

正當我心裡覺得：「什麼嘛！哪是什麼超級業務員，也沒有多厲害啊！」她開始像下列這樣，一一為我說明每間房子的附加價值。當下，我馬上完全瞭解她為什麼被稱為超級業務員了。

「這間房子附近有一家現在很少見的蔬果店。店裡的東西真的都非常新鮮，而且還很便宜。買過一次之後，你就不會想在超市買東西了。我想，您的太太一定會非常滿意。」

「如果您選擇另外一間，您的孩子以後可以就讀附近的小學。其實，這所小學的校長對教學非常有熱忱，會定期邀請運動員或名人到學校演講給孩子聽。這樣的小學已經很少見了。」

「還有這一間，附近有運動中心。游泳池早上時段的門票只要兩百五十日圓。您可以在出門上班前去運動一下，解決您運動量不足的問題。」

沒錯，比起房子本身的資訊，她提供了更多融入當地的方法，以及選擇該房子的好處。她為每一位客戶提供了最適切的附加價值。這一點便是她被稱為超級業務員的原因。

她並非自顧自地將自己知道的訊息提供給客戶，而是透過閒聊掌握客戶的個人狀況，以便提供客戶想知道的有用或有利訊息。如此專業的工作模樣，令我十分感動。

當然，最後我和她簽下了委託合約。

在合約順利簽好之後，我才從她口中得知，事實上，她以前也是依照客戶的條件需求，照本宣科地為客戶介紹房子。也就是說，以前她面對工作，都是抱著制式化的心態。

後來，有一位上了年紀的女客戶相當氣憤地向她表示：「每個人都只會介紹一樣的房子。虧我還特地來找你們，真是浪費時間！」這句話讓她感到非常不甘心。

從那之後，她不斷努力進修，讓自己能夠提供比其他房仲更詳細的資訊給客戶，包括每一間房子的優點，以及融入周遭環境的方法等。換言之，**這位超級業**

務員的誕生，是來自於一則客戶的抱怨。

從這個例子可以知道，在現在這個時代，只有認真看待顧客的抱怨，想辦法從中獲得經驗，思考自己可以提供何種具附加價值的服務的企業和商務人士，才有辦法生存下來。唯有做到這一點，才有辦法在這個客訴社會中，快樂地面對工作。具備轉化客訴為利益的思維，是現今企業和商務人士的必備條件。

COLUMN

應對客訴猶如讀推理小說

應對客訴，一切都是謎團！

一旦接到客訴，有時候會面臨彷彿層層謎團的情況。在這裡，我想跟各位分享一個來聽演講的客戶的例子。他是一家義大利餐廳的主廚，過去曾接到一則讓他印象十分深刻的顧客意見：「**店裡的主廚隨性沙拉太過隨性了！**」

這則抱怨雖然讓人不禁笑說：「真的是這樣嗎？」不過顧客似乎非常氣憤，認為：「隨性也要有個限度！」

當時這則抱怨就公開在某個美食網站的顧客評價上。老闆兼主廚的這位客戶問我：「有人這麼寫，我可以當作沒看到嗎？」我建議他：「如果可以聯絡上這位客人，不妨打通電話去聽聽對方的意見。」幾天之後，他果真和這位客人通上電話。

謎樣的「隨性事件」，真相是這樣的。

提出這則抱怨的是三十多歲的女性上班族。事實上，她在寫下這則評論的前一週，曾經獨自到這家義大利餐廳用餐。當時，除了義大利麵之外，她還點了後來發生問題的「**主廚隨性沙拉**」。這道沙拉不僅價位不高，實際端上桌時看起來相當豐盛。滿滿一盤有著各種生菜，分量不少，而且配色豐富，吃起來新鮮又美味。

她覺得自己發現了一家好餐廳，於是在結帳離去前，預約了隔週要和朋友來用餐。

到了隔週的聚會，在沙拉端上桌之前，她向同席的友人不斷大力讚賞：「這裡的義大利麵很好吃，不過主廚隨性沙拉也很棒喔！」然而，最後端上桌的沙拉，和前一週的完全無法聯想在一起，看起來完全不及格。生菜的種類明顯較少，整盤外觀平淡無奇，更感覺不到分量，是一盤只會讓人覺得偷工減料的沙拉。

對於這盤不及格的沙拉，大家全都默默地吃，臉上盡是微妙的表情。

「店裡的主廚隨性沙拉太過隨便了！」如此令人乍看摸不著頭緒的抱

怨，背後其實有這麼一段故事。這位顧客之所以寫下這樣的抱怨，其中隱藏著「這家餐廳害我丟臉！」的情緒。

「因為喜歡這家餐廳，才會帶朋友來吃，結果竟然害我丟臉！」這才是顧客生氣的主要原因。

隨著一步步傾聽顧客的聲音，主廚才終於找到這則抱怨的真相，解開一段神祕事件的謎底。

事情告一段落之後，由於餐廳的認真應對，後來這位顧客也成為餐廳的熟客。

原本只用心在義大利麵上，對沙拉抱持隨性態度的餐廳老闆兼主廚，也因為這個「隨性事件」而有所反省，開始對沙拉投入和義大利麵一樣的用心。最後，菜單上的隨性沙拉改名為「主廚特製沙拉」。

後來他十分開心地表示，點義大利麵搭配這道「主廚特製沙拉」的客人愈來愈多，連帶客單價也跟著提高，提升了餐廳的業績。

第2章

加速事件愈演愈烈的錯誤應對

～絕對不能犯的NG應對～

應對能力不成熟的我的失敗經驗

第一章提到，「應對客訴時，絕對不能出差錯」。如今我雖然身為客訴管理顧問，但事實上，過去也經歷過許多失敗。

應對錯誤，惹得顧客更生氣的例子，數也數不清（笑）。我也發生過許多相當丟臉，現在根本不願回想的失敗經驗。

不過，經歷許多失敗及多次丟臉之後所學習到的事，我一輩子都忘不了。出糗過一次之後，下次絕對不會再犯同樣的錯誤。而且，現在還能拿這些失敗經驗當作話題，與人分享說笑。

我特地準備了過去在客訴的應對上，比三流者更糟糕的我，曾經犯下的十個代表性錯誤，要在這一章依序為大家說明。

希望這些例子可以當作各位的負面教材。

各位可以自我檢視，是否也犯下了同樣的錯誤。

「這則客訴又不是我造成的」的心態

雖然嘴裡說「交代下面的人要多留意」……

當年我還是上班族的時候，由於公司的人事異動，我從業務部轉到客服中心的客訴應對部擔任主管。那時候在面對客訴時，我最常掛在嘴邊的就是：「交代下面的人要多留意。」

這就像把客訴應對當成其他人的事一樣，不斷強調「這不是我的問題」。現在回想起來，真的覺得很丟臉。

出社會之後，讓我覺得最不合理的，就是非得去應對錯不在己的抱怨。例如處理前任員工應對不周全所帶來的抱怨，或是碰巧接到打到總機抱怨其他部門的電話等。

換句話說，幾乎所有的抱怨，即便錯不在己，但身為部門主管，都不得不做出應對。

在一般經營者或管理階級應對客訴的案例中，幾乎所有人都認為錯不在己。
然而，我過去卻不斷做出下列的錯誤應對。

✖ 錯誤的應對範例

我　**我已經多次「交代下面的人要多留意」了……**

顧客　好，既然你是主管，你打算怎麼負起責任？

我　（腦子一片空白）**這個……呃……**

最重要的是當成「自己的事」來應對

其實顧客也知道「這不是這個人的錯」、「不是他造成的」，不過，他也只能將憤怒的矛頭指向你。

如果不把眼前的問題當成「**自己的事**」看待，拒絕認錯而將錯誤推到下屬身上，單純只會逃避責任，顧客自然不會原諒這種卸責的上司。假使用這種逃避責任的說法來應對，那麼接下來抱怨的矛頭一定會指向你，例如：「你身為主管，打算怎麼做呢？」「你的意思是這跟你沒有關係囉？」過去我也有好幾次被顧客這麼問，當場啞口無言，只能回應對方：「我並沒有這麼想……」

我有一位客戶在網購公司擔任客服人員，有一次，顧客抱怨收到的商品和顏色，跟網站上有落差。對此，他只是不斷反駁：「我們已經在備註欄事先告知，照片有時會和想像有落差。」結果被顧客斥喝：「這種說法太不負責任了！」

我也曾經在地方的海鮮食堂用餐時，看到有顧客抱怨上菜太慢，老闆卻滿臉不在乎地解釋：「因為今天外場的兩位員工正好都是新人……」惹得顧客更生氣。

我自己過去也是像這樣找藉口逃避，很瞭解做出這種回應的心情。然而，顧客根本不想聽什麼「照片有時會和想像有落差」，或是「員工是新來的，反應比較慢」等藉口。他們想要的，只是一句乾脆的道歉。

一旦造成顧客的困擾，即便錯不在己，只要一句乾脆的道歉，顧客的心情就會稍微平復，認為店家都已經道歉了，多少會願意原諒。

以下是發生在我一位裝潢公司客戶身上的例子。一位正在進行裝潢工程的客戶，向負責的業務員抱怨：「你們用的東西和開會時講好的不一樣。」

負責的業務員可能被這突如其來的抱怨嚇著了，馬上推諉地說：「這應該是負責木工的廠商搞錯了。」客戶聽了大為光火，覺得業務員在踢皮球，於是立刻向業務員的主管投訴。

後來，主管透過以下的應對，平息了客戶的怒氣。

○正確的應對範例

顧客 你們的業務員太不負責任了。馬上停工！我要換別家公司來做！

主管 **我的下屬做出這麼不負責任的應對，實在非常抱歉。這都是我的責任。**

這位上司展現了毫不逃避的態度，扛下所有責任。

對於他如此真誠的應對，客戶稍後平息了怒氣，才冷靜說出事情的經過。這位業務員對於主管已經妥善應對一事毫不知情，後來他協同木工負責人，一起到客戶家裡拜訪。這時，客戶滿臉不好意思地笑著說：「上回應該是我誤會了，對你們亂發脾氣，真的很抱歉！」

之後，裝潢工程順利完工，客戶也非常滿意。

面對顧客的抱怨時，如果因為覺得「麻煩」或「害怕」而選擇逃避，顧客只會更憤怒。當然，你也不能像等待暴風雨結束一樣，交給時間來解決。

面對客訴，第一時間的應對非常重要。如果第一時間應對得不好，肯定會變得更加不可收拾。絕對不要讓顧客覺得自己被當成皮球踢來踢去，例如：「這不是我們部門負責的範圍……」等。

請隨時提醒自己，就算不是自己的錯，只要造成顧客不滿是事實，無關部門和頭銜，身為代表公司出面應對的人，**第一時間一定要先表達歉意**。要有不逃避的勇氣，堅強地當成自己的事去面對。

顧客的抱怨或許是公司或下屬引起的。不過，顧客是對著站出來應對的你提出抱怨。

這時候，如果認為「自己吃虧」、「被投訴」等，態度消極地試圖逃避，將會使應對過程變得更冗長。換言之，愈是逃避，顧客就會愈生氣而更加窮追猛打。

不過，若能抱著「**如果這時候沒有被提醒，差點又要犯同樣的錯誤了**」的態度，當成自己的事來面對，事情會更快結束。因此，希望各位可以抱著「增進自我應對技巧和經驗，對自己是一件好事」的決心，用正面、積極的態度去應對顧客的抱怨。

應對客訴的方法，不需要因應顧客的個性或行業而改變。

請各位從和顧客好好對話開始做起。

在應對客訴時，道歉是必要的溝通。

請記住，道歉可以帶來正面的結果。

透過道歉，可以將顧客的怒氣轉為笑容。黎明來臨之前最黑暗。不過，黎明一定會到來。為了迎接陽光四射的舒服早晨，請先向抱怨的顧客好好道歉。

必知重點

✖ 這又不是我的錯。

○ 讓您有這種不舒服的感覺，實在非常抱歉。

☑ 把應對的抱怨當成自己的事，透過「道歉」，將彼此從對立轉變為可以對話的關係。

☑ 應對客訴是勇敢的行為。建立自己「堅強」的心態，就算害怕也不逃避！

試圖平息激動顧客的怒氣

假設週一早上九點，你接到一通打到部門總機的電話。在電話那頭，客戶怒氣衝衝地大聲咆哮，不停抱怨。你急著想趕緊平息對方的怒氣。這時候，你會怎麼應對呢？

你是否會告訴客戶：「請您先稍微冷靜一下。」使對方息怒、冷靜下來。

過去我都是這麼應對顧客的抱怨。不過，這種方式絕大多數都會演變成以下的情況。

✖錯誤的應對範例

我　**請您先稍微冷靜一下。**

顧客　混帳東西！我已經很冷靜了！

我　**哪有，明明就很生氣……**（我的心聲）

我想各位應該瞭解我的意思。

事實上，「平息怒氣」的應對方法，等於是在委婉地對顧客下命令或指示，所以情況才會演變成「**你怎麼對我，我就怎麼對你**」。

這就像對在店裡大聲抱怨的顧客說「請您先冷靜下來，您這樣會造成其他客人的困擾」一樣，無論語氣再怎麼客氣，都是在命令或指示顧客「請你這樣做」。

我有一位客戶，開了一家農產品產地直送的商店。有一天，一位上了年紀的顧客向店裡投訴：「我跟你們買的蘋果，吃起來好硬，根本不能吃。」對此，店裡五十幾歲的男店長隨口敷衍對方：「蘋果很硬是正常的。清脆的口感，才是好蘋果，正好可以鍛鍊您的牙齒。」

大家當然都聽得出來，店長是想讓顧客知道店裡品質保證的蘋果有多棒（笑），不過，這句「鍛鍊牙齒」完全是多餘的。果不其然，顧客當場被激怒，結果鬧得不可收拾。

這個例子或許太過極端，不過這位男店長的應對方法，同樣可以歸類為類似「平息怒氣」或「命令」的行為。

面對顧客的抱怨時，不要去平息對方的怒氣或是指示對方怎麼做。這時，你必須忍住這些衝動，用類似下列的方法，先展現「**傾聽的態度**」。

○正確的應對範例

顧客 我跟你們買的蘋果，吃起來好硬，根本不能吃！

應對者 **實在非常抱歉，我們的商品造成您的不便。方便請您告訴我詳細情形嗎？**

對應對的人來說，可能完全不想面對抱怨，想盡辦法要逃避。不過，對顧客來說，同樣也覺得向店家提出抱怨是一件很煩的事。

「虧我還那麼期待……」「本來想好好享受一下的……」「店家要是沒有出差錯，我也不用像這樣一直打電話了……」顧客的心情應該是像這樣，盡量不想有所怨言。

甚至還有不少顧客會覺得「自己常去那家店，如果提出抱怨，就不太敢再去光顧了，實在很討厭」、「如果被店家當成奧客怎麼辦」，於是感到有壓力。

我希望各位可以理解顧客投訴之前的這種心情，針對「顧客為什麼這麼生氣？」「發生了什麼事？」，好好傾聽對方憤怒的原因。

實際上，一旦你試著傾聽就會知道，顧客之所以生氣，都是因為對某些事感到困擾，例如：「我原本以為是這樣，結果……」「發生這種事，讓我很困擾。希望你們下一次可以改進」等。顧客的困擾，可以做為店家改善作業方式的參考。只要針對顧客的意見做改進，對方自然會願意繼續支持店家的商品或服務。

根據我的經驗，**當顧客把想說的話全盤托出之後，就會慢慢冷靜下來，不再抱怨了**。

必知重點

- ✖ 試圖平息激動顧客的怒氣。
- ○ 傾聽顧客的想法，展現理解的態度。
- ☑ 讓顧客把想說的全說出來，徹底表達不滿的心情。
- ☑ 「第一是傾聽，第二還是傾聽。」好好地聽顧客說話吧！

使用否定的說詞反駁顧客

「不是這樣的。」
「沒有這回事。」
「請等一下，關於這個……」
「請您聽聽我們的解釋……」
「您從剛剛就一直重複這一點，不過……」

這些全都是我以前經常掛在嘴邊的說詞。過去的我就是像這樣打斷顧客，自顧自地表達自己（應對的一方）的意見，拚命想說服對方。

我想，當時我臉上一定充滿了焦慮。

在我的印象中，說出這些話之後，最後還能圓滿解決顧客抱怨的例子，完全不曾發生過。通常結果都是被顧客咆哮：「跟你說這些也沒用！叫你們主管出來！」等到主管接過電話、收拾完殘局，都已經花了許久的時間。當時那種對主管和顧客都造成困擾的難受心情，我到現在都還記得，真的感到非常後悔。

尤其當顧客因為單方面的想法或誤解而有所抱怨時，我只會不停地否定和反駁，打斷對方的話，試圖想傳達自己的說法。雖然這麼做的用意是希望對方能夠理解我方的說法，不過對於應對客訴來說，卻是完全失敗的做法。

以反駁的方式回應顧客的抱怨，這種做法比三流還不如。這一點毋庸置疑。

應對客訴不是主張自己正當性的好時機

在應對客訴時，心態上最重要的是，不要認為「自己才是對的」，因此否定顧客、想擊敗對方。

應對客訴時的錯誤說詞

「但是……」

「我們從來沒有發生過這種問題……」

「如果您那時候立刻反應就好了……」

很可惜地，許多人在客訴應對的第一線上，都是理所當然地使用這些藉口，或是正當化自己的說詞。這些都是最常見的錯誤應對說法。

只要站在投訴顧客的立場，試想對方的感受，就會知道找藉口等說詞，都不是恰當的應對方法。

有一次，我恰巧在鄰近東京車站的某個百貨地下街的小菜專櫃，看到以下的客訴狀況。

✖錯誤的應對範例

顧客 我剛剛買的小菜，裡頭的醬汁溢出來了……

應對者 **這樣啊。不好意思，請問您剛剛提的時候有翻倒嗎？**

顧客 你說這什麼話！根本就是你們一開始放的時候，東西就已經打翻了吧！

應對者 **因為我們從來沒有發生過這種問題……**

顧客 ……（一副氣到無話可說、拚命忍住不發飆的樣子）

「這太奇怪了，因為我們從來沒有發生過這種問題……」這並不是顧客想聽到的說法。這種說法只會激怒顧客而已。

這時最重要的是，不要否定顧客的話，必須展現出理解的態度。

以這個案例來說，正確的應對方法如下。

正確的應對範例

顧客 我剛剛買的小菜，裡頭的醬汁溢出來了……

應對者 **這樣啊。很抱歉，造成您的困擾！**

顧客 不會、不會。我自己提的時候可能也沒有放好……

應對者 **沒關係。方便的話，我馬上為您換一個新的提袋。**

顧客 不好意思，麻煩你了。

如果可以這麼應對，情況可能就不會演變得這麼糟了。說不定真的是店家裝袋的方式不對。只要提醒自己，先去理解顧客的抱怨再做出應對，而不是劈頭就否定或指正顧客，顧客就不會感到不愉快了。

先瞭解「發生了什麼事？」「什麼問題造成顧客的困擾？」，自己（應對的一方）的想法才能充分傳達。

忍住想要主張自己想法的心情，先瞭解**「什麼時候」、「在哪裡」、「發生了什麼事」、「顧客的心情如何」、「顧客希望自己怎麼做」**，這才是應對客訴時最基本的事。

只用正面的說詞

前幾天，我和工作上的朋友約好一起吃飯。當我打電話向餐廳預約兩人的桌位時，電話那頭的餐廳員工告訴我：「現在只剩下吧檯的位置了。」由於我們兩人是男性，比起圍著桌子面對面聊天，我覺得吧檯似乎比較適合。不過，聽到店員的這種說法後，我突然覺得不太放心，覺得「吧檯的氣氛好像不太好」。

像這種時候，餐廳員工只要換一種正面的說法：「剛好吧檯還有兩個位置喔！」被告知的一方聽起來的感覺就會截然不同。

應對客訴時也是一樣，一旦使用負面說詞，就會讓顧客感到不悅。激怒原本不怎麼生氣的顧客的代表性說法之一，就是所謂的「**雙重否定**」。

雙重否定指的是：「**如果沒有……就不能……**」等的說法。如果平時沒有特別留意，每個人都會不經意說出這種句子，必須多加留意。尤其在面對顧客要求的情況下，不少人都會這麼說，像是以下的範例。

✖錯誤的應對範例

「**如果沒有**拿發票來，**就不能**更換商品或退貨。」

在這個短短的句子當中，就使用了兩個否定的說詞。這是非常負面的說法，會造成顧客的不悅。應對者一旦覺得更換商品或退貨是件麻煩事，就會說出類似這樣的負面說詞。

如果非得這麼說，可以試著換成「**只要……就能……**」的說法。

○正確的應對範例

「只要您帶發票來，我們就能為您更換商品或提供換貨。請問您今天有帶來嗎？」

事實上，這種說法所傳達的內容，和之前的錯誤範例完全一樣。結論相同，帶給顧客的印象卻截然不同。

以下是我自己遇到的例子。有一次，我問演講場地的市民會館職員：「我想在演講時使用白板，請問可以跟會館租借嗎？」對方面無表情地以「**三重否定**」的說法，一副打官腔的語氣回答我：「那不是我負責的事，不問一下的話不會知道。」聽到如此誇張的三重否定說法，連我都傻眼了。不過，最後我還是想盡辦法努力進行演講了（笑）。

不只是應對客訴，在面對工作時，各位不妨也提醒自己，要隨時對顧客抱持感謝的心情。工作的出發點，就是為顧客排解困擾。如果少了為眼前顧客著想的心態，工作不可能會順遂。

請各位隨時思考：**「自己可以做些什麼，好讓顧客感到開心？」「該怎麼說，顧客聽起來才會開心？」**好好地面對眼前的顧客。

必知重點

✖ 為自己找藉口，或是正當化自己的做法。使用否定的說詞。

○ 理解顧客抱怨的內容。使用正面的說詞。

☑ 應對客訴時不需要分出輸贏。不要過於主張自己。

☑ 對顧客表現出理解的態度，使用正面的說詞。

以為見了面就能表達誠意

以前一旦發生客訴，首先要做的就是帶著餅乾禮盒到顧客家道歉。這種做法被視為常識，大家都認為這是面對客訴時最正確的第一時間應對方式。而且要像這樣迅速做出應對，才能表達對顧客的誠意。

事實上，我自己也認同不久前的電視劇經典臺詞說的：「事件的發生就在現場！」所以跟著大家這麼做。

不過，後來我發現這種做法反而會帶來危機……

對於這種把第一時間先拜訪顧客或是到現場視為誠意表現的做法，我並非完全否定。只不過，客訴的應對並不是「見了面就能解決」這麼簡單的事。

應對客訴時，如果不先傾聽顧客的聲音、確認現場狀況，將無法瞭解客訴發生的原因。在沒有確實瞭解狀況，也沒有任何解決對策的情況下，就拜訪顧客，就像「小孩跑腿」一樣。

那位氣得要求「你馬上過來道歉就對了！」的顧客，一定會因此爆怒，認為：「**什麼解決辦法都沒有就跑來，你是小孩在跑腿，人家叫你做什麼就做什麼嗎？**」

「明明是你說要趕快來道歉的……（我的心聲）」

一旦將拜訪顧客擺在最優先，卻對現場狀況或商品毫不瞭解，就算見到顧客，很多時候也只是在討罵：「連這種事也不知道，你算什麼負責人！叫個像樣一點的人來見我！」甚至情況會從一名員工引起的小問題，演變成「這家公司真的可靠嗎？」等顧客對公司的不信任。不過，當顧客要求「馬上過來道歉」時，究竟該怎麼回應，實在讓人很困擾。在這裡，我想先舉一個錯誤的應對範例。

✖錯誤的應對範例〈電話應對的案例〉

顧客 你現在馬上過來道歉！

應對者 **現在已經晚上十點多了，恐怕無法去拜訪您了。**

顧客 太不負責任了！立刻道歉不是最基本的誠意嗎？

這種回應方式只會讓雙方的爭執點，演變成要不要去顧客家裡道歉。在原本的問題尚未解決之前，又額外衍生出一場不必要的爭執。這會耗費多少時間和精力，相信各位應該不難想像。

我認為，就算顧客氣憤地要求：「現在就過來道歉！」你隔日再去也無所謂。比起馬上去道歉，請各位優先掌握顧客抱怨的內容，仔細將事實和顧客的要求確認清楚。只要可以掌握情況，自然就能提出解決的辦法。

根據我的經驗，比起狀況發生當天，隔日再去拜訪，被激怒的顧客幾乎都能冷靜地聽人說話。尤其面對深夜酒醉的顧客更是如此，避免馬上到顧客家裡拜訪，才是聰明的選擇。先透過電話瞭解對方抱怨的內容並確認狀況，這一點請大家一定要徹底做到。

老實說，我認為應對客訴時，**如果可以透過電話解決，不用和顧客直接面對面也不錯**。因為有不少案例都是透過這種方法及時應對，迅速解決問題。

以不浪費顧客時間的角度來說，同樣也不該抱持「前往現場（顧客家裡）才有誠意」的想法，更不能想藉此展現誠意。所謂誠意，應該是為顧客解決問題或困擾。

進一步來說，**我認為透過電話應對，是所有方法中門檻最低、最簡單的一種**。透過電話應對是一種只有聲音的溝通，因此感情比較容易傳達。

事實上，只透過電話就順利平息顧客抱怨的例子，其實是最多的。

相反地，在和顧客直接面對面的情況下，無論是顧客或應對者本身，彼此都會看到多餘的訊息。就像以下的例子，有時候人會透過外貌或表情等外觀上的訊息，來評斷對方。

「派你這種毛頭小子來，你擔得了責任嗎？這是看不起我嗎？」

「一點解決辦法也沒有，就只是拿一盒餅乾來，你想就這樣打發我嗎？」

這些都是代表公司前往道歉的負責人，實際受到顧客痛罵的說法。

甚至還有下列這種因為外觀上的問題，讓顧客對應對者產生厭惡感的例子。

「（負責人的服裝）瞧你一副邋裡邋遢的樣子。你是真心想道歉嗎？」

「你這傢伙是怎樣！臉上完全看不出想道歉的意思……」

出於好意去拜訪顧客，結果反而激怒對方。這樣的例子不在少數。

最近我遇到的某家保險公司前來諮詢的案例也是一樣，保險業務員覺得第一時間到客戶家裡拜訪是誠意的表現，結果反而招來客戶更多的抱怨。客戶透過律師向保險公司表示，「你們未經允許就進入我家，這叫無故侵入他人住宅！」我真心覺得這實在是個教人鬱悶的社會。不過，像這種讓顧客產生「家裡被強行進入」、「隱私受到侵犯」的感覺，就已經不是應對客訴的問題了，值得警惕。

建議各位在拜訪顧客之前，可以先確認情況，然後再找一個最好的拜訪時機。而且在拜訪之前要事先準備好計畫，以確保當場可以順利平息顧客的抱怨。

針對這一點，以下試舉電話應對的例子做說明。

○正確的應對範例1〈電話應對的例子〉

顧客　你們現在馬上過來道歉！

應對者　**不好意思，造成您的麻煩。方便的話，是否可以請您告訴我事情的經過？在確實瞭解狀況之後，我們將會回覆您解決辦法。**

用這種方法，在電話上就能確認狀況，甚至在聽完顧客的說法之後，可以透過電話當場解決也說不定。

另一種應對方法是，即便顧客要求「馬上過來道歉」，可以像以下範例一樣，讓顧客瞭解尚未掌握狀況就前往拜訪的缺點，先聽過顧客的說法之後，再約定拜訪的時間。

○正確的應對範例2〈電話應對的例子〉

顧客 你現在馬上過來道歉！

應對者 **真的非常抱歉。不過，如果不瞭解狀況就冒然前去打擾，是非常失禮的一件事，所以，是不是可以讓我先聽聽您的說法呢？瞭解您的意見之後，我會向相關部門取得確認，明天中午過後再前去拜訪您。**

像這樣先透過電話確實傾聽顧客的說法，讓對方冷靜下來，之後再見面，也是一種可行的辦法。

先確認好事實經過之後，再帶著適當的解決方案拜訪顧客。這種「**兩階段應對方法**」，各位可以試試看。

收到顧客寄來「現在馬上過來道歉！」的客訴信時，應對方式也是一樣。先回信給顧客，表達自己對造成對方的麻煩感到抱歉，詢問對方是否可以透過電話瞭解狀況。獲得同意之後，再透過電話瞭解狀況，然後才拜訪顧客。這就是「**三階段應對方法**」。

事實上，有一家網路購物公司就是採用這種三階段應對方法。根據該公司的說法，在實際的應對經驗當中，很多時候經過信件和電話兩個階段，還沒直接和顧客見面，問題就已經解決了。

我有一個熱水器瓦斯爐維修公司的客戶，他們最常在半夜接到客戶抱怨：

「你們的東西壞掉了，瓦斯都點不起來！現在馬上過來修理！」

這時，他們不會直接回答顧客：「我們不提供半夜的維修服務。」而是先透過電話確實傾聽顧客的描述。一旦知道問題出在顧客的使用方法錯誤，就會仔細為顧客說明正確的用法，靠著電話順利排解客訴。據說這種例子還真不少。

必知重點

✖ 馬上拜訪顧客才是有誠意的表現。

〇 先確認狀況，確實準備好原因說明和解決方案之後，再前去拜訪顧客也不遲。

☑ 確實瞭解事實經過，確認「顧客希望自己怎麼做」。

☑ 先決定「要做到什麼地步」，然後再拜訪顧客，才是有誠意的表現。

重視迅速做出應對，馬上提出解決方案

在關於網路購物客訴的案例中，經常可以看到一種說法是：「迅速提出解決方案，是應對的必要條件。」對此我並不贊同。

對企業而言，面對客訴的第一優先反應，就是迅速做出應對，這一點當然毋庸置疑。不過，**將迅速提出解決方案視為優先，反而會帶來危機**。

想盡快解決，是因為想讓客訴盡早落幕。更進一步來說，是因為自己想趕快從麻煩中解脫。也就是說，並不是為了顧客，只是為了自己，所以想盡快解決客訴，讓自己解脫。

一旦想盡快了事，客訴會變得更棘手

事實上，以前我也是這樣，為了自己想早點解脫，於是做出以下的應對。

✖錯誤的應對範例

顧客 賣這種有瑕疵的東西，你們打算怎麼辦？

應對者 **是的，我們現在就立刻退錢給您。**

顧客 你說什麼？這是退錢就能解決的嗎？

沒錯，雖然很丟臉，但我的確是想用錢解決。

讀到這裡，想必各位應該已經瞭解，面對客訴時，絕對不能想要用錢解決問題。

顧客並非想退錢才提出抱怨，大部分的顧客都是希望店家能理解自己煩躁的心情。因為店家提供的商品或服務有瑕疵，令人感到失望。

但我卻不瞭解這一點，只想用錢盡早解決顧客的抱怨。甚至聽到顧客說：「這是退錢就能解決的嗎？」還認為對方是奇怪的傢伙，我都已經要退錢了，他還在生氣。

奇怪的不是顧客，反而是一點都不想瞭解顧客心情的我，才是奇怪的傢伙。現在回想起來，真的很丟臉。

再說到其他的例子。有一回我在出差途中，智慧型手機的螢幕突然動不了了。於是我馬上跑到最近的手機店，接待的女店員制式地用不帶感情的語氣告訴我：「現在沒辦法知道手機壞掉的原因，你要修理嗎？」

雖然這算不上是不好的應對方式，不過，我之所以急忙衝到手機店是有原因的。我當然希望可以修好，但我更急的是，手機壞掉就無法聯絡上客戶，不知該如何是好。我也沒有辦法用公共電話聯絡客戶，因為對方的電話號碼只存在手機裡。這令我十分焦急。對於我的困擾，店員卻完全不願意進一步瞭解，只丟給我制式的回答。當時極度失望的心情，我到現在仍記憶深刻。

這就像前述退錢的例子一樣，一旦應對者只想盡快獲得顧客的原諒，就經常會告訴對方：「我們會努力想辦法不讓這種情況再次發生。」展現防止事件再度發生的決心。

不僅如此，甚至有人不管實際上根本沒有任何具體的預防措施，就隨便對顧客做出空口無憑的約定，這時可能會像下列一樣被顧客挑出語病。

「既然這樣，以後要是又發生同樣的情況，你要負責嗎？」

「好，那你把預防對策的書面資料交出來給我看！」

應對時，如果像這樣過於急著要取得顧客的原諒，反而會適得其反。

會挑人語病的顧客，並不是惹人厭。他們只是對應對者只想盡快擺脫客訴而做出不誠實的應對，感到氣憤。他們覺得「這種想法不可原諒」，才會將抱怨的矛頭指向應對者不誠實的態度。

我認為，**防止客訴再次發生是最難的事**。

就算改變工作方式，很遺憾地，同樣的事情還是會再發生。即便再小心，再犯同樣失誤的機率也不可能變成「零」。

「絕不找錯錢。」

「加快出餐速度。」

「不賣有瑕疵的商品。」

「清潔工作做到最完美。」

「不讓客人等超過三十分鐘。」

各位有辦法從今天開始就做到這些嗎？

你敢說絕對不會再犯同樣的錯誤嗎？

真的可以做到完全防止同樣的事情再次發生嗎？

要防止問題再次發生，必須先找出原因，制定出排解原因的改善方法。而這套方法的制定，需要一段時間。

如果當下為了盡快平息顧客的抱怨，便隨口承諾事情不會再發生，這等於是逃避現實的做法，完全感受不到你對顧客的誠意。這種心態，很容易會被看穿。

而且，防止再犯是將來的事。對顧客來說，重要的是「現在」。我希望各位可以先好好瞭解顧客的困擾，將來的事是其次。如果可以意識到這一點，就會做出以下的應對。

○正確的應對範例

顧客 賣這種有瑕疵的東西，你們打算怎麼辦？

應對者 **讓您買到有瑕疵的商品，實在很抱歉。**

顧客 真討厭，我本來很期待的……

應對者 **很抱歉讓您期待落空。可以的話，能否讓我們為您更換商品？**

顧客 嗯，就幫我換吧！

應對者 **造成您的不便，實在很抱歉。請您先在這裡稍待三分鐘。**

在應對客訴時，如果不瞭解顧客抱怨的原因就提出解決方案，將會惹得顧客更生氣。因為你應對的順序顛倒了。

必須先仔細傾聽顧客的困擾，確認狀況之後，再提出解決方案，然後花時間慢慢思考如何防止同樣的情況再次發生。

必知重點

✖ 馬上提出解決方案。

○ 先將顧客抱怨的原因確認清楚，再提出解決方案。

☑ 不講求應對效率。

☑ 一旦想「早點解脫」，客訴會變得更棘手！

關鍵詞彙不足

說來丟臉，過去我任職於客服中心時，並不具備應對客訴的「**詞彙能力**」，經常一被顧客罵，腦筋就一片空白，不知如何應對，惹得顧客更生氣。

我曾經因為說了一句話，把顧客激怒到極點。那段回憶，我現在光是回想都覺得很丟臉，甚至根本不願意回想。一直到最後，我都很掙扎要不要把這段經驗

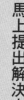

寫進本書中。

超NG的說詞

「還真是抱歉。」

有一部熱門電影叫作《謝罪大王》（謝罪の王様），編劇是宮藤官九郎，劇情以描述客訴應對為主。身為客訴應對的專家，我當然不能錯過，所以也到電影院去看了這部電影。

在劇中，女演員井上真央飾演的海外歸國子女，在開車時不小心撞上了黑道分子的車子。後來，在受到恐怖黑道大叔的恐嚇下，井上真央不得已說了一句：「還真是抱歉。」可想而知，車子被撞壞的黑道分子個個一陣狂怒，情況愈發不可收拾。

這一幕，逗得電影院裡的觀眾紛紛爆笑。然而，只有我一個人笑不出來。

突然被抱怨，不習慣的人會頓時變得驚慌失措，腦子一片混亂，不知道該怎麼回應。正因為如此，平時就要先增加自己的詞彙量。

也就是說，**應對客訴必須具備詞彙能力**。

雖然有點突然，不過我想請教各位一個問題。

各位知道多少「**道歉的說詞**」呢？

除了「抱歉」、「對不起」、「不好意思」以外，請再想想其他的說法。

如何？各位可以想出幾個道歉的詞彙呢？

以下就讓我為各位介紹非常好用的「**25句適用於道歉場合的話詞**」吧！

（請參照下頁表格）。

客訴的應對，是一種人與人之間的溝通。重點在於透過什麼說法，使對方和自己心意相通。

為此，最重要的是針對應對時必要的詞彙能力，平時不斷鑽研與自我磨練。

當年我之所以詞彙能力不足，應該是因為我把客訴視為討厭、麻煩的事情來看待，於是怠惰了努力。當時我對客訴應對這項工作，應該完全感覺不到任何驕

谷厚志推薦的「25 句適用於道歉場合的話詞」

01 很抱歉。

02 這是我們的錯。

03 我們會銘記於心。

04 實在非常抱歉。

05 我們已經知道很多需要檢討的地方。

06 真的非常不好意思。

07 這是我們的疏忽。

08 這是我們不夠專業。

09 這完全是我們的專業不足。

10 對此我們考慮得不夠周全。

11 我們思慮不周。

12 我們無以反駁。

13 我們無以表示對您的歉意。

14 很抱歉造成您的不便。

15 不好意思造成您的麻煩。

16 我們不應該發生這種事情。

17 非常對不起。

18 我們感到十分難過。

19 我們做得不夠……

20 我們不夠努力。

21 這是我們不小心。

22 我們無以形容對您的歉意……

23 我們為自己的失禮向您道歉。

24 我們無以辯解。

25 我們會深刻檢討。

傲和自信。甚至連身為社會人的自覺，或是身為服務業員工的專業態度，可能都沒有。

也可以說，當時我甚至沒有一絲熱情，希望自己能夠學會客訴應對的技巧，藉此想辦法安撫顧客的心情，多少將顧客的怒氣轉為笑容。

客訴應對必要的詞彙，不是只有道歉的說詞而已。

另外還有在顧客有所要求，或是你無法滿足顧客需求時，只要加上一句就能改變印象的「緩衝說詞」。希望各位也可以因應不同狀況，善用這些說詞。

以下就是我在客服中心任職時經常用到的「**緩衝說詞**」，各位務必多加活用。

向顧客請託時的「緩衝說詞」

（加上這些句子，可以展現關心、周到的態度。）

「不好意思……」

「不好意思，百忙之中打擾您……」

「真的非常不好意思麻煩您……」

「我有個不請之請……」
「如果不麻煩的話……」
「有件事想和您商量……」

無法滿足顧客需求，必須拒絕對方時的「緩衝說詞」

（無論理由為何，加上這些句子，都能展現遺憾的心情。）
「非常抱歉……」
「很遺憾沒幫上忙……」
「無法幫上忙，我實在很難過……」
「再三認真考慮之後……」
「非常感謝您能體諒這種情況……」
「很不巧地……」

據說在日文當中，光是表現美味和口感的說法，就有五百個以上。就連道歉的說詞和緩衝詞彙，也有上百個。請各位一定要多加磨練自己的詞彙能力和表達能力。

應對客訴的詞彙，對身為社會人的教養來說，也是應該學會的能力。

必知重點

✖ 一旦被顧客罵，腦筋就一片空白，說不出話來。

○ 平時努力豐富自己的詞彙能力。事先準備好道歉的說詞。

☑ 事先想好怎麼說，才能貼近顧客的心情。

☑ 詞彙能力可以當作武器，將顧客的怒氣轉為笑容！

隨興臨機應變，立下不好的前例

以前在我剛接下客訴應對部的主管工作時，每當接到怒不可遏、情緒化的投訴電話，我就會接受對方的要求。另一方面，如果是說話冷靜的老實人，我就會告訴對方：「謝謝您寶貴的意見，我們會謹慎參考。」然後隨即掛上電話。

沒錯，當時我的應對方式，就是所謂的隨機應變。換句話說，就是比較隨性的應對，會根據顧客的憤怒程度，改變自己的應對方式。對於客訴應對的判斷基準和想法，沒有一個明確的主軸。換言之，我的應對態度其實搖擺不定。

不僅如此，甚至在應對的過程中，我自己也沒有一個明確的目標設定。

現在，我透過研習講座，以及瞭解企業客戶的客訴應對問題的過程，經常可以發現一個情況。現在很多企業在業務和待客應對上，都有非常完備的標準作業守則。不過對於客訴應對，卻幾乎沒有任何相關的規範。

前一陣子，我到一家連鎖餐飲店進行講座時發現，該餐聽在形式上雖然有制定客訴應對的相關守則，不過內容卻只有一句：「不得隨意向顧客道歉，必須立刻通報店長處理。」這令我大為驚訝。

當然，我可以理解「不想接到客訴」、「不想應對客訴」的想法。不過，如果想提升真正的業務和待客能力，最重要的關鍵，在於加強面對客訴的應對能力。長年受到顧客支持、擁有廣大忠實顧客的公司和店家，絕對都具備應對客訴的能力。

同樣地，想要擺脫面對客訴的恐懼，最重要的還是好好面對投訴的顧客。還有一點也很重要，就是必須掌握自己的公司或店裡最常接到何種客訴、哪個時間點最常發生客訴等，事先做好相對的應對準備。

客訴的三大類型

我認為客訴的種類，大致可分成以下三大類型。

1 有關商品和服務的客訴。
2 有關待客和溝通的客訴。
3 顧客單方面的想法或誤解所造成的客訴。

以下就讓我依序說明。

1 有關商品和服務的客訴

在所有客訴案件中，最常出現的就是和商品或服務相關的客訴，例如：「商品不一樣」、「店裡太髒」、「送貨速度太慢」、「想要的東西缺貨了」、「很難用」、「一下子就壞了」等。

在這類型客訴中，希望各位要特別留意的是，那些和同業商品或服務相較之下所產生的客訴。人只要用過好用的商品，或是受到舒適的服務對待，便容易以此為標準，對低於此標準的服務感到不便或不滿意，產生類似以下的抱怨。

「為什麼你們沒有提供免費的試用品？」
「你們的網站比其他公司來得難用！」
「你們的商品從下訂單到交貨，時間拖太久了！」

這種客訴都是和同業比較的結果。我希望各位可以把這種顧客抱怨，當成「只要改善就會繼續支持」的建議，用感謝的心態去面對，並進行改善。

2 有關待客和溝通的客訴

有時候客訴發生的原因，是因為和顧客在溝通上發生疏失所導致。

例如：「應對方式不好！」「態度不夠親切！」「沒有主動聯繫！」「為什麼說的都沒有做到！」等。

關於待客方面的客訴，可能會因為傷及顧客的尊嚴，或是顧客覺得「自己不受重視」等負面感受過於強烈，容易演變成棘手的客訴（伴隨著不當要求，難以應對的客訴）。

不過，對於讓顧客產生反感的情況，只要應對的一方確實展現理解的態度，顧客會覺得「自己的聲音有被聽見」，因此變為忠實顧客。

若是自己有錯，就要坦然道歉。例如：「關於這一次的情況，是我們沒有注意到，真的非常抱歉。」只要確實道歉，就能讓顧客覺得：「不用那麼在意，下一次再好好麻煩你了。」而獲得對方對商品或服務的繼續支持。各位不妨用一定可以挽回顧客信心的決心，仔細地妥善應對。

3 顧客單方面的想法或誤解所造成的客訴

無論再怎麼努力地為這個社會、為顧客做事，客訴也不會因此「消失」，因為有些客訴是來自顧客單方面的想法或誤解所造成的。

關於這種客訴的應對方法，第四章會有詳細說明。不過，即便是這類型的案例，我希望各位也要從「原因出在自己身上」的角度來思考，例如：「自己的應對做得不夠好」、「對客戶說明得不夠清楚」等，要覺得自己應該再多留意才對。

為了防止這種因為單方面的想法或誤解所造成的客訴發生，最近有愈來愈多企業會在網站上積極地公告「常見問題」之類的訊息。

我一直非常欽佩的企業之一，是食品製造商卡樂比（Calbee）。卡樂比的官方網站設計得十分有趣，尤其是「（改善）從顧客意見得到的做法」和「客服中心快報」的內容，為從事客訴應對的相關人士，提供了非常豐富的學習資訊。

舉例來說，針對「鹽味海苔洋芋片」這項商品，有不敢吃辣的顧客表示：「購買時沒有注意到成分裡有辣椒！」對此，卡樂比做出應對表示：「已經更改包裝，在正面以照片加註說明含有『辣椒』成分。」並將這項更改包裝的訊息公告在網站上。

除此之外，網站上的「常見問題」連結，也是站在顧客的立場，提供了許多貼心的訊息，簡直就是顧客至上、超越一流的企業。

光是瀏覽他們的官方網站，就能感受到一股莫名的溫暖。

事先擬定應對腳本

前面提到的電影《謝罪大王》，內容雖然是針對應對客訴時發生的有趣、充滿娛樂性的劇情，不過其中有一幕，令身為客訴管理顧問的我也不禁感到欽佩。

那就是由阿部貞夫飾演的主角——東京謝罪中心的所長黑島讓，他對於客訴應對的最終目標，抱持著非常堅定的信念。即便是怒不可遏的對象，他也一定要讓對方接受自己的道歉。這就是他應對的最終目標。

根據顧客的憤怒程度，從道歉時的身體角度到表情，所有一切他都會事先徹底準備。其中讓我印象最深刻的是他說的一句話：

「如果正在氣頭上的對方說一二〇％絕不原諒，我就要做到一五〇％的道歉！」

他先設下了應對最終的明確目標，接著展現高度專業的態度，好讓顧客接受道歉。

以前，剛調到客服中心不久的我，對於客訴應對沒有什麼明確的目標，總是因應不同狀況輕率地改變應對方式，留下許多不好的前例。

我甚至曾經被壓制在顧客的怒氣之下，允諾對方過分或不太合理的要求，輕易地立下不可能實現的承諾。

在應對客訴時，就算顧客要求你馬上做出回應，你不立即答覆也不要緊。

這時，你可以選擇告訴顧客：「我這就去確認清楚。請您先稍待，我會在〇點前主動致電回覆給您。」

如果像過去的我一樣，只想盡快解決客訴而做出一時的應對，或許自己真的可以因此逃過，不過，這麼做卻會對公司的其他人造成困擾。

「之前負責應對的人是這麼做的。」

「其他部門的人對我這麼說。」

「我聽人家說你們答應他〇〇，為什麼我就不行！」

如果等到顧客這麼說之後，才改變一開始做出的應對內容，想必顧客肯定會更生氣，認為：「你根本不值得信賴！」

對冷靜的顧客和情緒爆發的顧客做出不同的應對，或是對愛抱怨的顧客殷勤對待等，這種改變應對方式的做法，千萬行不得。

各位要做的只有一件事，**就是堅定目標，好好應對顧客的抱怨**。

只針對特定的顧客任意改變應對方式，這種做法對其他顧客來說相當失禮。為了達到面對每一位顧客都能做出相同的應對，我建議經營者或主管可以制定一套公司的應對守則。

必知重點

✖ 只想著「現在要怎麼度過眼前的狀況」，因此做出一時的應對。

○ 應對客訴時眼光要放遠，把對方當成是公司今後改善的契機。

☑ 不因為顧客的態度而改變應對方式。

☑ 確實瞭解客訴內容，做好萬全的準備。

當場就回應顧客：「做不到。」

和前面隨意改變應對方式相反的情況是，對於做不到的事，以前的我當場就會回應顧客：「做不到。」有時候還會一臉不在乎地告訴顧客：「那是不可能的。」惹得顧客更為光火。

我可以對開心購買商品或利用服務的顧客，親切地以笑容應對。不過，對於有瑣碎需求、需要特殊應對的顧客，卻做出制式的回應，因此惹怒對方。

這些當場就回應顧客「做不到」或「辦不到」的情況，都有一個共通點，就是應對者對眼前的情況都覺得：「好麻煩吶！」

這種應對方式，不可能獲得顧客的信賴。以下就讓我們來看這類錯誤的應對範例。

✖錯誤的應對範例

顧客 商品有辦法早一天送到嗎？

我 **那是不可能的。**

顧客 你說這話是什麼意思！沒有其他更好的說法了嗎？

很多時候，顧客不是在「強迫」店家一定要做這麼做，只是以「不曉得能不能幫忙一下」的心情，隨口提出要求。對此，應對的一方若是毫不考慮就當場回應「辦不到」，只會讓顧客感到不愉快而已。

為了多少和顧客建立良好的正面關係，對於做得到的事，當然就要好好做。假使是做不到的事，也不要不容分說地當場拒絕，一定要好好向顧客說明做不到的理由。

我非常喜歡某個皮鞋品牌，現在工作上常穿的五雙鞋子，全都出自該品牌。從星期一到星期五，每天輪流換一雙，就這樣持續穿了好幾年，是我非常喜愛的皮鞋。

有一年夏天的盂蘭盆節，我打算趁著一週的休假時間，替皮鞋做點保養，順便更換鞋跟。雖然這五雙皮鞋很重，我還是一口氣將它們全部提回該品牌的直營門市。

當時，店裡出來接待的是一位年輕店員。他當場就用制式化的口吻回覆我：「從今天開始算，全部弄好的話，需要兩週的時間。」聽得我滿臉錯愕，說不出話來。

如果拿到家裡附近的修鞋行，一雙大概只要三十分鐘就能修好……

「為什麼需要兩週這麼久的時間？」我問他。年輕店員斬釘截鐵地告訴我：「這是公司的規定。」

這種說法令我相當憤怒。我有點激動地質問他：「我一直都是穿你們的鞋子……現在是怎樣，竟然用這種態度！」雖然很不好意思，不過當時我的語氣忍不住就強硬了起來。

看到我的態度而開始感到慌張的店員，丟下一句：「我這就去向主官確認。」就逃也似地往店裡跑掉了。等了兩、三分鐘之後，一位看起來像是店長的男性，神情慌張地出來應對。

他滿臉歉意地向我低頭賠罪：「您是谷先生吧。謝謝您長久以來的支持。剛才我們對您做出失禮的對待，真的非常抱歉。」在聽完我的轉述之後，他耐心地向我解釋為什麼需要兩週時間來修理的理由。

這個品牌的直營門市，非常堅持每一雙鞋子的維修，一定都要由自家製鞋工廠的皮鞋師傅來負責。這也是他們的賣點之一。另外，一旦更換鞋跟，就必須進行一些保養手續，好讓皮革更加耐用，因此需要多一點時間。一般時候就得花上一週的時間，加上當時是假日，工廠都休息，因此修理加上保養，才需要花上兩週的時間。聽過他的解釋之後，我心想：「如果一開始就這麼告訴我，我也不會那麼生氣……」

後來，我告訴他，自己得在一週之內拿到鞋子才行，這位像是店長的男性於是建議我：「我們有另一間分店就在工廠附近。如果送到那裡，時間或許就來得及。我替您問問看。」

不僅如此，他還說了一些非常中聽的「**關心**」話語：「您一口氣拿來五雙鞋，可見您真的非常喜歡我們的鞋子。在這麼炎熱的天氣裡，讓您親自將鞋子送來，還等了這麼久，真的很抱歉。」

他不是因為我有所抱怨，才做出這些應對。而是他在仔細聽完我的描述、瞭解狀況之後，主動為我說明，並提出自己做得到的建議給我。這種和之前那位年輕店員截然不同的應對，讓我從憤怒轉為開心，也讓我對於把事情想得太簡單、以為「三十分鐘就能修好」的自己，感到不好意思了。

最重要的是，這位像是店長的男性所做的應對，讓我心裡滿是感動和感謝。同時，我也很高興自己的鞋子是來自可以做出如此貼心應對的品牌。我甚至變得比以前更喜歡這個品牌了。

為了讓各位可以學會案例中這位像是店長的男性所做的應對，以下試舉一個正確的應對範例供大家參考。

○正確的應對範例

顧客 商品有辦法早一天送到嗎？

我 **您希望盡早收到東西，是嗎？如果可以為您安排，當然沒有問題。不過我們所有貨品都是集中配送，依照訂單的先後順序來出貨。這一次無法回應您的需求，真的非常抱歉。不過，我會試著為您安排在當天中午前到貨，這樣可以嗎？**

顧客 這樣的話就太好了。

光是用這樣的說法，帶給顧客的印象就會截然不同。

以前我總是當場就以「做不到」來拒絕顧客。現在回想起來，我承認自己或許不是做不到，而是不願意做。換言之，我的心態是「麻煩的事我不想做」，於是做出制式的應對。

如果真的做不到，應該早就老實向顧客說明做不到的原因了。

我發現，**當企業組織愈來愈大時，雖然嘴裡說「顧客至上」，事實上卻會漸漸忘了站在顧客的立場**。很多時候都是企業將自己的規則強加在顧客身上，因此激怒了顧客。

各位不妨換個方式思考，**工作的重點並不是在自己身上，而是一直和顧客站在同一邊**。

必知重點

✖ 當場就回應顧客：「做不到。」

○ 如果做不到，必須好好向顧客說明做不到的理由。

☑ 就算無法滿足顧客的要求，也能做到讓顧客覺得：「幸好我有提出抱怨！」「這一次雖然無法如願以償，不過卻感受到這家公司的誠意。下一次再繼續支持好了！」

因為顧客的抱怨，使自己變得情緒化

老實說，以前我聽到顧客說出以下這些話，都會很生氣。

「正常來說應該要這麼做吧！」
「這麼做是常識啊！」
「連這種最基本的事都做不到！」

這些就是每次都會把我激怒到變得情緒化的「三大『憤怒』說詞」（笑）。

不過，後來我發現自己對這些抱怨感到憤怒的原因了。

那是因為我覺得：「你（顧客）說的根本就是錯的。」顧客所謂「正常來說應該要這麼做」的「正常」，和我認為的正常並不一樣，所以我才感到生氣。

當我漸漸瞭解客訴應對的根本意義之後，才發現自己是為了顧客和自己的價值觀及認知之間的差異而感到氣憤。

有一個案例是，一位透過網路購買雜貨的顧客，在推特（Twitter）上發文表示：「商品的運費太貴了！」後來，該公司的員工看到這則推文，感到非常生氣，於是回應批評該顧客，兩人展開一場網路上的罵戰。

有時候，當自己非常認真努力地工作，卻有人對你的努力和付出有所抱怨時，就會讓人變得情緒化。「你說的不對」、「你根本不瞭解我們」等，一想到這些心裡就難過，於是忍不住想罵回去。這種心情可以想見。

偷偷告訴各位，我也曾經因為一時的情緒而狠狠痛罵過顧客。

甚至還發生過以下這種受到顧客挑釁的例子。那實在是非常糟糕的應對。

✖ 錯誤的應對範例

顧客 都是你們，害我的旅行泡湯了。我現在就要去找你們客訴，你們要幫我出新幹線的車資！

我 **這是不可能的！如果要來，請您自掏腰包。**

顧客 你說這話是什麼意思！叫你們出新幹線的車資是正常的吧。你根本什麼都不懂，叫你們主管出來！

這種錯誤的應對，讓情況變得更複雜了。

這麼一來，針對原本應該解決的核心問題——「為什麼旅行泡湯了」，根本打聽不到任何訊息，無從瞭解起。

然而，我卻認定對方是不講理的顧客而感到氣憤。我因為他所謂「正常做法」中的「正常」，和我認知的「正常」有極大的差距，所以變得情緒化，認為：「只有你會說這種完全沒有常識的話！」

因為做出這種情緒化的錯誤應對，每次我都得拜託直屬上司出面挽救應對，同樣的錯誤不斷再犯。

面對這種情況，到底該怎麼做呢？我之所以變得情緒化，最大的原因是我只用自己的價值觀和認知來應對。我只用自己的標準去看待事物，才會造成顧客的抱怨愈演愈烈。

這時最重要的是，即便自己不認同顧客的說法，也要保持彈性的思考，知道「**原來有人是這麼想的**」。

一旦缺乏去理解對方和自己價值觀及認知不同的包容態度，自然就無法冷靜應對。

有一家曾經邀請我去舉辦研習講座的藥妝店，店裡在結帳時都會詢問顧客是否有集點卡。不過，據說曾經有一位上了年紀的男顧客因此爆怒：「我沒有那種東西啦！不要每一次都問！」也有年輕女顧客怒氣衝衝地回應：「就是有才來的啊。如果沒有，根本就不會特地來這裡買東西！」

這些說法都會讓人被激怒。日本是個成熟的社會，擁有多元的價值觀。同樣一句話，每個人聽起來的感受都不同。如果不能瞭解這一點而老是被激怒，也不是辦法。

順帶一提，這家藥妝店後來改變做法，請店員面帶笑容親切地告知顧客：「如果有本店的集點卡，請於結帳時出示。」據說從此之後，顧客抱怨的情況銳減了不少。

以下是一位在健身中心工作的客戶告訴我的故事。據說有一位顧客曾經向他們表示，自己的會員編號4649，聽起來很不吉利，希望可以更換號碼。

確實，後面4和9兩個數字可能不太吉利。不過，難道只有我覺得拿到4649這個數字，就像自己賺到了，會不禁想向人炫耀嗎（笑）？（譯註：日文4的發音通「死」，9的發音通「苦」，4649的發音和「多多指教」相近。）

同樣的一件事物，會因為不同的人而有不一樣的感受。這一點請別忘了。

所謂常識，並沒有正確的答案，單純只是多數人都這麼覺得而已。千萬不能以自己的常識或價值觀，來回應顧客的抱怨。

以前述我的錯誤應對範例來說，應該提醒自己換個角度思考：「這位顧客不惜大老遠特地搭新幹線過來，就是為了有話要跟我們說。還真的有人會氣到這種程度呢！」可以用以下的方式，試著去理解顧客的心情。

○正確的應對範例

顧客

都是你們，害我的旅行泡湯了。我現在就要去找你們客訴，你們要幫我出新幹線的車資！

應對者

請問您發生了什麼事？我是負責為您服務的員工，名叫○○○。方便請您告訴我詳細狀況嗎？

代替我出面應對的上司，完全沒有提到顧客說的「幫忙支付車資」的事，而是詢問對方：「請問發生了什麼事？」以傾聽的態度來應對。這時候才知道，原來這趟旅行是顧客送給父母的禮物，想藉此感謝父母平日的照顧。

不僅如此，他還預訂了網路評價非常好的旅館。不過實際上，旅館業者不老實的態度和網路評價相距甚遠，令他的父母十分失望。所以他才愈想愈氣，覺得「自己讓父母留下不愉快的經驗」、「想要有人理解自己這種懊惱的心情」……這才是顧客抱怨的原因。

而我對這些卻完全不瞭解，只用自己的價值觀和常識來判斷，甚至做出情緒化的回應，才使得顧客更難過。現在再回想起來，這實在是令我非常後悔的嚴重錯誤。

必知重點

✖ 被顧客說的話激怒。

○ 不能光憑自己的價值觀和常識來做事。

☑ 保持包容的態度，接受對方不同於自己的價值觀和常識！

一被罵就難過沮喪

「混蛋！」「你這個王八蛋！」

以前只要聽到顧客像這樣爆粗口，我的心情就會非常難過。當初剛被調到客服中心的第一天，我的內心就快要承受不了。不過很快地，我發現一件事。

「老是這樣難過也不是辦法。」

當初被調到客服中心時，我才剛新婚一年，太太肚子裡懷著我們的第一個孩子，再過幾個月就要生產了。我心想，家裡就快多一個新成員了，我當然不能讓自己在這個時候意志消沉地倒下去。

在客服中心工作，理所當然每天都會面對顧客的抱怨。不管幸或不幸，我根本沒有時間難過。不過，這並不是因為每天面對太多抱怨，感覺已經麻痺的緣故。

而是因為我開始改變想法，知道就算難過也無濟於事，於是決定不再讓自己的人生受到他人或環境的左右。

我發現很重要的一點是，必須想清楚：「自己怎麼看待眼前的現實？」「用什麼方式去解釋？」

我認為，「人生就是一場情緒遊戲」。

從此之後，我對應對客訴的工作有了不一樣的看法。

既然得面對顧客的抱怨，我該怎麼做，才能讓自己不再難過或恐懼呢？

最後我想到的答案是：「**應對客訴的工作可以增加自己的經驗知識，也能增加與人溝通的話題。**」

在應對客訴的時候，可以體驗到一般人無法體驗的事。要應對憤怒的顧客，確實非常辛苦，不過事後再回想，自己也得到許多有趣的故事。對從事演藝工作的我來說，也獲得許多可以與他人分享的話題。這是我的看法。

我在身處的狀況中，發現了自己份內工作的意義，而且果真獲得許多可以與他人分享的話題。

我曾經在某個電視節目中，分享了一個要求對方道歉一百次才肯原諒，後來被稱為「給我道歉一百次的老先生」的怪獸奧客故事，後來還引起廣大的討論（笑）。

另外像是向店家表示「我想對你們說的抱怨有四百億個那麼多！」等抱怨連連，俗稱「養樂多乳酸菌老先生」的故事，也是我經常與人分享的話題之一。我的價值觀和常識之所以能像現在這樣豐富，我想全是因為自己從事客訴應對工作的緣故。

我在這一章公開的過去應對失敗的經驗，現在都成了我與人分享的話題，而且也很幸運地成為我撰寫本書的題材。

還有一個可以與人分享的話題，就是有一次我向一位位高權重的重要人物道歉的經驗。

那一次，我聽完將近兩個多小時的訓話，終於獲得原諒時，對方地位最高的人物對我說：「**說了這麼多難聽的話，真是抱歉！**」可能是因為終於解脫、總算放下一顆心，雖然我心裡想說的是「沒這回事，您不必在意」，但不知道為什麼，

從我嘴巴裡說出來的竟然是：「**您不需要同情我。**」（笑）

那時旁邊的人一陣爆笑的丟臉回憶，如今也成了我自嘲分享的話題。

我還在客服中心任職時，底下有個被稱為「同理心女王」、非常優秀的女下屬。有一次，可能是她對顧客太過感同深受，竟然用了古時候遵守階級禮儀的武士說法回應顧客，讓整個客服中心的人就像在看吉本新喜劇一樣，全都笑翻了。

那時在客服中心每年的尾牙會上，大家聊得最熱烈的，都是「和那位客人應對實在有夠辛苦」、「犯了那種錯誤，急死我了」等英勇事蹟。

在應對客訴的過程中，隨著自己的經驗知識不斷累積，的確也獲得許多分享的話題，根本沒有必要因為顧客的抱怨而感到難過。

那時，客服中心的主管曾經告訴我，「你一定要將顧客的抱怨當成公司共享的資訊，讓其他部門的同事都知道這些客訴內容，以及公司應該改進的事項。」這段話讓我釐清了客訴應對這份工作的價值。從此之後，我開始以這份工作為傲，再也不會因為一點小事而難過了。

自從我遵照主管的吩咐、將客訴訊息與全公司分享之後，每當其他部門的同事對我說：「你這麼努力認真地做這些大家都不想做的事，實在讓人敬佩。」我的心都彷彿被注入一股暖流，開心極了。

當時，我也會和其他企業客服中心豐富經驗的前輩們交流，他們都告訴我同一件事：

「事實上，抱怨之後會難過的，大多是顧客。」

很多時候，顧客在抱怨完之後，都會陷入一時的情緒，覺得：「那樣說會不會太過分了？」「自己好像太孩子氣了……」「要是忍住不說就好了……」

正因為如此，為了不讓顧客有這種感受，更要好好應對才行。

因此，面對顧客的抱怨時，你不能感到受挫或難過，而是必須時時思考該怎麼做才能讓問題順利解決、讓顧客的怒氣能夠轉為笑容。

有些人會將面對客訴的壓力，透過大唱卡拉ＯＫ來發洩，或是藉著酒意吐苦水、大發牢騷。

不過，這些都無法完全排解壓力。說投訴顧客的壞話，或許多少可以讓心情好過一點，但最根本的問題還是沒有解決。

我認為工作上的壓力，只有靠工作才能排解。所以，面對顧客的抱怨所帶來的壓力，唯一的排解辦法，就是從抱怨中獲得學習並加以運用，讓下一次的應對變得更好。

「弱者從不原諒，寬恕是強者的特質。」

這是印度獨立之父甘地說過的一句話。

一流的運動選手在吃下敗仗之後的訪問中，都會讚揚對手，做出充滿敬意的評論。

雖然吐吐苦水、發洩壓力本身並不是壞事，但我認為這只是在浪費時間。尤其是在市公所或區公所等行政機關工作的人，有些會覺得「民眾的抱怨根本沒有辦法當成意見」、「我明明是照著規定來做事，為什麼非要聽這些抱怨不可」等。

請各位要向前看，不要因為被抱怨而感到生氣，或是只顧著回頭看。就算是為了自己好，一定要盡快轉換心情，控制自己的情緒。

必知重點

✖ 一被罵就感到受挫，難過消沉，給自己帶來壓力。

○ 應對客訴的工作可以增加自己的經驗知識，以及與人分享的話題。

☑ 顧客的抱怨所帶來的壓力，只要能夠順利應對，就能獲得排解。

☑ 應對客訴可以提高人際關係的能力，是一件有意義的工作。

第3章

一定要知道的危機排除守則

～平息顧客怒氣的基本原則～

應對客訴的「五大步驟」

接下來，我想針對客訴實際發生時該如何應對，為各位做具體的說明。

首先，為了不在應對時犯錯，下一頁列出的「**應對客訴的五大步驟**」，請各位務必要徹底執行。

平息顧客怒氣的「初步關鍵」

前面第二章曾經提到，當客訴發生時，第一時間應該做的是「**道歉**」。

「請以道歉做為應對客訴的第一步。」每當我在演講或是對新客戶提到這一點時，總是招來許多反駁和怒罵。我身為一個客訴管理顧問，卻反過來被客戶抱

應對客訴的五大步驟

Step 1 道歉

↓

Step 2 展現同理心

↓

Step 3 確認事實和顧客的期望

↓

Step 4 提出解決方案

↓

Step 5 施展魔法

怨（笑）。

「什麼！遇到客訴就一定要道歉？」「怎麼可能這麼做！在我們這個業界，不隨便道歉是常識呀！」

對於這些說法，我沒有任何異議。我不會回擊表示：「我的做法絕對沒有錯。」

不過，根據我經手過兩千件以上的客訴案件，得到的答案是：「面對顧客的抱怨，從道歉開始是最好的方法。」

我自己試過一開始不道歉和馬上道歉兩種做法，最後我確信，**應對客訴時一開始就道歉，可以平息顧客的怒氣**。

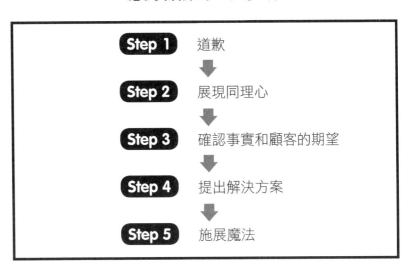

在我實際接到企業客戶提出「客訴困擾」、「負責應對的下屬反而惹得顧客更生氣」等問題，瞭解這些主管的現場應對方式之後，發現幾乎所有人的共通點都是：一開始應對時，沒有向顧客做出任何道歉的說法。

對於一開始拒絕道歉的企業，我總是建議他們：「請試試在一開始就先道歉。」不少人剛開始都會充滿抗拒、猶豫不決。不過等到實際嘗試之後，大家都會異口同聲地表示：「**一開始就先道歉，問題一下子就解決了！**」

一開始就道歉有什麼好處呢？

答案是：應對所需的時間將會大幅縮短。假設以前得花上大約一個小時解決的客訴案件，現在差不多五分鐘就能解決。甚至有些時候，只是一開始就道歉，馬上就能獲得顧客的原諒。這都是真實的情況。

如果各位對一開始就道歉還存有抗拒心理，我想請問一個問題。

當你實際遇到問題、向對方提出抱怨時，一開始就謝罪（道歉）的人，和沒有這麼做的人，哪一種應對者會讓你比較信任？

舉例來說，你要玩遊樂園的遊樂設施，當你在售票機投入一萬日圓紙鈔後，票券雖然掉出來了，機器卻沒有找零錢。你馬上去找遊樂園的工作人員，告訴他「機器沒有找零」。這時，一個是帶著歉意表示：「這樣啊，造成您的不便，非常抱歉。」另一個只丟下一句：「請您稍等，我去問一下。」便轉身離去。這兩種應對方式，哪一個讓你有比較好的印象呢？

假設那位沒有說一句道歉的工作人員稍後回來，自顧自地打開售票機檢查沒有找零的原因，將你晾在一旁空等，難道你不會感到不安嗎？

只要改變自己的立場，從應對者的角度變成提出抱怨的人，我想自然會得到答案。

我再重申一次。**當客訴發生時，一開始一定要「道歉」**。只要應對者馬上向顧客道歉，就能展現自己誠心接受抱怨的態度，顧客也會知道自己在對方眼中的重要性。讓顧客擁有這種放心的感受，就是避免抱怨擴大、變得難以收拾的祕訣。

不過，有件事請各位要注意，就是道歉時千萬不能用錯方法。各位知道應對客訴專用的道歉守則嗎？

應對客訴要用「有限度的道歉」

道歉的方法大致可以分為兩種，一種是「**有限度的道歉**」。這種附加條件式的道歉，重點就如其名，是針對**限定、部分**來道歉。這種方法，就是應對客訴時要用的道歉方法。

另一種道歉方法，是和有限度的道歉相反的「**全面道歉**」。

例如「這全是我們的疏失，非常抱歉」，這種說法就是全面道歉。全面道歉是當聽完顧客的抱怨、確認實際狀況、知道全都是自己一方的錯之後，所使用的道歉方法。例如當企業發生醜聞時，在記者會上通常都會做出全面道歉。

在應對客訴的初步階段，如果沒有確實傾聽顧客的問題，不會知道究竟是誰的錯。有時候你以為是己方的錯，但是聽完狀況之後，會發現其實是顧客單方面的想法或誤解造成的。所以，一開始不需要全面道歉。**在尚未掌握客訴發生的原因之前，最好針對部分表示歉意就好**。

有限度的道歉和全面道歉

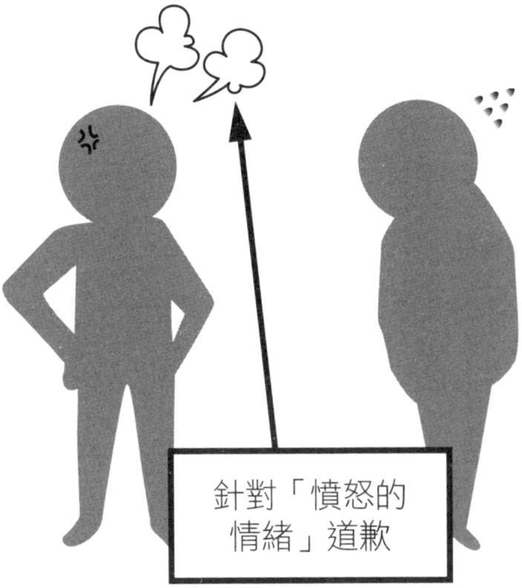

○ 有限度的道歉

只（部分）針對顧客憤怒的情緒道歉。

✖ 全面道歉

除了憤怒的情緒之外，連顧客的說法等也一併接受並表示歉意。

例：針對企業醜聞的道歉等。

接下來，有限度的道歉又該限定什麼，針對哪些部分來道歉才好呢？

在這個階段，即使尚未確認清楚狀況，還是可以知道一件事，就是即便自己出於好意地認真對待顧客，但是眼前憤怒的顧客，還是對自己的工作表現不滿意，感到不愉快。

針對顧客憤怒的情緒賠不是，就是有限度的道歉。各位只要這樣理解就好了。

也就是說，就算還沒有掌握事實，但是先單獨針對顧客的怒氣表達歉意。

這時候的道歉，必須把顧客的情緒擺在優先，也就是優先考慮你和顧客之間的心意相通，察覺對方內心的難過。藉由道歉安撫顧客的心情，使對方安心。

不是全面道歉，而是貼近顧客遺憾的心情或失望的難過，只針對這個部分來道歉。

以前述遊樂園的例子來說，工作人員可以這麼說：「**您特地來玩，卻造成您的不便，實在非常抱歉。**」

其他如常客抱怨：「你們店裡的員工態度太糟糕了。」可以像下列一樣，使用有限度的道歉方式。

有限度的道歉

「承蒙您經常光臨。關於我們的接待讓您不甚滿意，實在很抱歉。」

做出這種有限度的道歉，是在尚未瞭解第一線狀況的時候。在沒有確認狀況的情況下，當然無法知道現場的應對是否真的不妥。不過，顧客對員工的工作態度有所不滿是事實。既然如此，最好還是要貼近顧客的負面感受，做出「**道歉（謝**

罪）的說詞」才行。

因應經常發生的客訴問題，準備好「道歉的說詞」

「有限度的道歉」的說法和表現，沒有一定非要怎樣不可的正確答案。各位可以先回想自己在工作上最常發生的前三種客訴狀況，想好該用何種說詞才能精準應對。你可以參考下頁列出的「**各行業道歉說詞一覽表**」。

無論是和顧客面對面，或是透過電話或電子郵件都一樣。請一定要準備好有限度的道歉該怎麼說。先設想好現場發生客訴時，第一時間的道歉說法。

各行業道歉說詞一覽表

行業	客訴內容	道歉說詞
房仲公司	剛搬入新家的客戶表示：「公寓大門的中庭很髒！」	對於這次介紹的物件造成您的不便，實在很抱歉。
飯店	入住的客人表示：「我訂的禁菸房裡竟然有菸味！」	對於我們處理不當，造成您的不愉快，在此致上深深的歉意。
保險公司	已經簽約的客戶表示：「我不知道合約內容有這些！」	我們在說明上做得不夠詳細，非常抱歉。
市公所	民眾表示：「道路施工吵死人了！我根本不知道會這麼吵。」	非常感謝您的來電。讓您受到這麼大的驚嚇，實在很抱歉。
網路商店	購買商品的顧客表示：「東西和我想的完全不一樣！」	對於收到的商品不如您的預期，我們非常遺憾。
百貨公司	多年的熟客表示：「店員的應對態度太制式了！」	對於您長久以來的支持，我們的應對卻造成您的不愉快，實在非常抱歉。
電腦維修中心	客戶表示：「電話都打不進去！」	想必您一定是有電腦上的維修問題，才會一直想聯絡我們。讓您無法聯絡上敝公司，實在非常抱歉。
醫院	新來的病患表示：「我已經等了半個小時了，你們到底還要我等多久！」	讓您在緊急時刻等了半個小時，非常抱歉。

「其實只要一句道歉就夠了……」

我在第二章曾經說過，顧客想要的，只是一句道歉。不過，很多時候卻沒有辦法在第一時間獲得店家的道歉，所以憤怒的心情才會愈加高漲。

或許各位會認為，顧客的抱怨是起因於店家嚴重的疏失。然而，很多時候只是基於之前不斷累積的小抱怨，或是一開始店家的不當應對，致使顧客一直對店家存有不好的印象。

一旦超過顧客的忍耐極限，憤怒的心情就會如烈焰般一股作氣地往應對者身上爆發。這就是客訴。

事實上，很多企業在面對客訴時，都會認為：「說不定不是我們的錯，如果一開始就道歉，等於承認所有的錯誤」、「只要一道歉，就非得負起責任不可」、「一道歉就得賠償才行」、「如果變成訴訟，會對公司不利」等，因此拒絕道歉。

但是，如果等到將情況確認清楚，知道是己方不對時，才向顧客道歉，一切都已經太遲了。以前述遊樂園的例子來說，如果等到釐清顧客確實投了一萬日圓紙鈔時才急忙道歉，只會讓顧客更憤怒：「我一開始不就說了嗎？你們那時候不道歉，等到現在才說不好意思，到底是想怎樣！」這是因為他不僅第一時間沒有得到園方的道歉，甚至自己的說法還受到質疑。

店家延後道歉，有時會讓顧客覺得自己受到質疑，是在找店家麻煩。因此，道歉最好還是選在第一時間執行。因為，對於「店家一開始不道歉」而感到氣憤的顧客，其實都是對店家感到失望，認為：「只要當場道歉，我還是會原諒的……」

再舉一個常見的例子。當居酒屋的客人問：「啤酒還沒來嗎？」店員馬上回答：「正在準備！」這種應對方式並不正確，只會讓客人聽了更生氣。接下來，如果餐點上得比較慢，就會再一次招來抱怨。面對這種情況，只要一臉抱歉地向客人道歉：「不好意思讓您久等了，馬上就送上來。」然後衝進廚房，就能平息對方的怒氣。

我再重申一次。面對顧客的抱怨，只要改變立場，就會知道怎麼應對才是明智的做法。另外，第一時間的應對非常重要。例如前述居酒屋的例子，客人並不是因為喝不到啤酒而不高興，是生氣自己的時間被浪費了。這時候的關鍵就在於店家能否察覺到這一點。

或許各位會感到驚訝，不過最近我經常接到諮詢的行業之一，竟然是律師。律師到底會收到什麼樣的抱怨呢？

最常發生的案例是，客戶因為敗訴而反過來抱怨律師，或是指責負責調解的律師：「就算你是律師，但你那是什麼說話態度！不要用那種看不起人的方式講話。」這種時候，**千萬不要否定地說：「不，我沒有這個意思。」**一旦這樣否定對方，只會讓雙方的關係更加惡化。

面對這種情況時，如果可以在一開始就做出有限度的道歉，例如：「**對於我的說話方式造成您的不愉快，我感到非常抱歉。請問我可以繼續為您解說了嗎？**」事情就能順利進行下去。

相反地，面對顧客的憤怒，也有業務員會道歉過了頭，或是對道歉樂在其中（笑）。

像這種情況，有時候反而會被顧客吐槽：「你從剛剛就一直說對不起，到底是在對不起什麼？」我認為這種頻頻道歉的行為，表現的是「希望透過這種方式獲得對方原諒」的內心想法。如果你表面上在道歉，但比起賠罪的心情，顧客感受到的卻是「你想早點結束」的態度，只會讓顧客更生氣。

有限度的道歉只要在第一時間做一次就夠了。請隨時提醒自己，要設想顧客憤怒的心情，做出道歉的表示。

把「對立」扭轉為「對話」

客訴令人害怕的地方在於，就算是多年往來的老客戶，或是剛創業接到的第一個訂單客戶，只要發生抱怨或客訴，就會產生「**對立關係**」。

即便受到抱怨的一方沒有這種意圖，顧客也會採取攻擊的態度。

如果不將這種對立關係轉為「可以對話的關係」，顧客的抱怨將會沒完沒了。

這也是第一時間就要道歉的原因。

透過向顧客道歉，可以讓對方冷靜下來，回到可以對話的狀態。因此，為了促使提出抱怨和被抱怨的雙方能夠一起合力找出妥協點，請各位千萬別忘了在第一時間向顧客道歉。

若是你不道歉就直接表達自己的想法，或是反駁對方、表現出「就算你這麼說，我們也沒有錯」的態度，都會加劇雙方的對立關係。一旦如此，在你追究抱怨的問題之前，顧客會更氣憤，決心非得給予你懲罰才能消氣，因此不斷提出無理的抱怨，一心只想造成你的困擾。事已至此，對誰都沒有好處。

請各位想想，應對客訴的目的，應該是為了讓顧客轉怒為笑，把奧客變成自己的粉絲。所以，一定要在第一時間做出有限度的道歉，降低顧客高漲的憤怒情緒才行。

在做出有限度的道歉時，記得要使用可以平息對方怒氣、具安撫和體諒作用的說法。

我曾經有個客戶是某信用金庫的分行行長。他向我抱怨：「就算做了有限度的道歉，第一時間的應對結果還是不理想。」詢問詳細狀況之後，我才知道他在對客戶做出有限度的道歉時，用的是以下的說法。

✖有限度的道歉之錯誤範例

「針對本次造成您的不愉快，我們感到非常抱歉。」

我想各位應該也注意到了，句子中的「本次」是多餘的。這種說法乍看之下是有限度的道歉，事實上卻與設想顧客心情的有限度道歉相差甚遠，而且還會讓人覺得你是用傲慢的態度在向客戶強調：「我只針對這一次的事件道歉，其他並沒有錯。」

尤其是在看不到對方表情的電話應對時，千萬不能讓顧客覺得你的態度傲慢。這時，你必須更加留意自己的語調。

如果因為對方看不到就態度傲慢，即便嘴裡說「抱歉」，顧客也感受不到你的反省態度。這時候的要訣是，**即使是透過電話，表達道歉時也要低頭鞠躬**。人說話的語調，會因為身體姿勢而改變。只要低下頭賠不是，語調就會跟著降低，顧客也能感受到你的反省態度。

我們經常可以在路上看到，正在和客戶講電話的業務員嘴裡說著「謝謝您」，一邊還不停地低頭鞠躬。雖然這一幕在旁人看來覺得可笑，不過你在透過電話向顧客賠罪時，最好要做到這種程度。

以有限度的道歉來說，有一種實際可以運用的說法是：「**感謝您熱心地提醒我們這一點。**」這表現出自己將顧客的抱怨視為一種貼心舉止。各位也可以像這樣，**對於顧客在抱怨上所花的時間和精力，抱持著感謝的心情**。

藉由展現傾聽的態度掌握主導權

一旦學會有限度的道歉方法，我想漸漸地，即便你遇到客訴問題，也能光靠道歉就順利解決。不過，在應對客訴上，如果不仔細傾聽顧客的說法，很多事情根本無從得知。

因此，搭配「道歉說詞」的另一個不可或缺的要素是，**仔細傾聽顧客說話的態度**。

聽他人抱怨或許是一件很討厭的事，不過仔細想想，難道各位對於顧客到底為什麼有所抱怨，他究竟遇到了什麼狀況等這些事，不感到好奇嗎？

舉例來說，你在公司的會議上提出一個自認為不錯的想法。這時候，如果這個想法遭到上司否決，你肯定會感到生氣，對吧？不過在生氣之前，難道你不會想知道上司否決的理由嗎？

應對顧客的抱怨，也是同樣的情況。

在應對顧客的抱怨時，向顧客展現「請問敝公司哪裡做得不好？」的傾聽態度，可以打動顧客的心。這種不逃避問題的態度，會讓顧客開始產生信心。

有不少應對者會認為「這種問題只要道歉就好」，試圖以賠罪了事。一旦讓顧客發覺你抱著這種態度，肯定會不斷被找碴：「你想就這樣打發我嗎？既然這樣，你們要怎麼補償我？」最後演變成一場痛苦的災難。

如果將顧客這句「你們要怎麼補償我」當成是在勒索賠償，因此斷然拒絕地說：「就算您這麼說，我們也做不到……」「我們能做的只有向您道歉。」好不容易建立起來的對話，又會再一次回到對立的關係。

很多時候，顧客並非想要賠償才會提出抱怨。顧客會生氣，是因為應對者表現出拒絕傾聽的態度。

如果是願意傾聽顧客的態度，會是以下這樣的說法。

展現傾聽態度的說詞

「請問發生了什麼事？」

「請您將詳細的情況告訴我。」

應對顧客的抱怨時，要像新聞或雜誌、娛樂記者一樣，最好展現出「請告訴我發生了什麼事？」等**傾聽的態度**。

這時候請各位注意，千萬不能只問顧客：「發生了什麼事？」這會讓顧客更生氣，因為「就是有事才會打電話啊！」一定要好好請顧客解說，例如：「請您務必告訴我」或「請告訴我」等。

如果以第一章提到的，一位二十幾歲的女性向神社住持提出無理的抱怨為例，面對**「我聽說這裡可以幫人提升戀愛運，所以來拜了好幾次，結果我的男人運根本沒有變好！」**的抱怨，住持可以回應：「**讓您的期待屢屢落空，實在很抱歉。請告訴我您發生什麼事了？**」

只要將對方的抱怨當成**「自己的事」**看待，用這種方式反問對方，對方就會變得冷靜一些。如此一來，就不會有第一時間應對出差錯的情況發生。

根據前述神社住持的說法，這位女性只是想要向人傾吐自己戀愛不如意的心情罷了。

邊聽邊做筆記

接下來，在傾聽顧客說話時，面對面也好，透過電話也好，都一定要「**做筆記**」。做筆記在某種意義上來說，當然有做樣子給對方看的意思。不過最大的好處，是可以讓自己**掌握主導權**。

在道歉之後展現傾聽的態度，甚至還做起筆記，面對應對者這樣的舉動，顧客會很難將憤怒發洩在對方身上。也就是說，做筆記可以讓顧客覺得「他（應對者）都要做筆記了，我再繼續生氣也沒用。我得好好說清楚發生什麼事、自己有什麼感覺、希望他怎麼做，他才有辦法瞭解真正的狀況」，於是冷靜下來說明自己的抱怨。

另外，在面對面的應對場合中，看著顧客的眼睛、聽對方說話，這對應對者而言，其實是一件相當有壓力的事。像這種時候，可以邊把視線放在筆記上邊慢慢地寫，也能讓顧客放慢說話的速度。

這麼一來，雙方就能像採訪一樣，變成說話者和傾聽者的關係。從原本的對立關係，變成一種互相協助的關係，成為顧客和應對者之間的共同合作。

不隨意聽信沒有做筆記或筆記不完整的狀況報告

有些人在做筆記時，只會寫下顧客的表述中讓他印象深刻的關鍵字。但是，只有這些是不夠的。另外，也有人完全不做筆記。

我自己以前在擔任客服中心的主管時，就曾經吃過類似的悶虧。

簡單來說，對於傾聽顧客抱怨時不做筆記的業務員或客服人員所提出的報告，一旦隨意聽信而做出判斷，很容易導致應對失敗。

面對顧客的抱怨，有些業務員的想法是：「我這麼認真做事，顧客卻為了這種小事發脾氣，根本是莫名其妙」、「這種客訴會影響到我的工作表現，真討厭」等。這種想法都是因為人的某種心理作用在作祟，導致業務員提出「我們沒有錯，對方卻因為這種小事而生氣找碴，根本是莫名其妙！」的報告內容。

客服人員也是，只要認為不是自己的錯，對方卻不斷抱怨，自己才是受害者，就會交出類似「我聽了將近一個小時，對方一直在講同樣的話。最後我只覺得『什麼嘛！就因為這點小事！』」等只有個人主觀意見的報告。

一旦我聽信這些報告，馬上斷定「己方沒有錯」，並以這樣的態度去應對顧客，之後總會發現顧客抱怨的內容，和自己聽到的報告大有出入，而且幾乎每一次都是我們的不對。

為了防止這種情況發生，傾聽顧客的抱怨時，請一定要做筆記。**只要做筆記，就能區分事實和意見**。

不做筆記的應對者，都只會主張自己的正當性和意見。或者也有不少案例是雖然做了筆記，卻只寫下關鍵字，事後再捏造一個對自己有利的故事，寫成報告提出來。

後來，對於這些筆記不完整，或是完全不做筆記的業務員和客服人員，我都會告訴他們：

「你可以將事實和意見分開提出報告嗎？我之後再聽你的解釋和意見，現在比較重要的是瞭解顧客說了什麼。所以，請你詳實地告訴我事實的經過，否則我無法做出正確的判斷。」

顧客說的內容是否屬實，這一點在瞭解事實之後自然可以判斷。不過，首先必須先確認清楚「對方說了什麼」。

只要有確實傾聽顧客的說明並做筆記，最後你也可以**將筆記的內容重述一遍，向顧客確認是否有誤**。

有時候顧客抱怨的重點不只一個，甚至有兩個以上。像這種情況，如果不確實做筆記，很可能會漏掉應該掌握的重要訊息，或是做出誤解事實的解釋。

花愈多時間確認事實的筆記愈有用

有很多案例的情況是，在確認客訴事實時，必須同時取得其他部門或第一線人員的確認，因此沒有辦法當場解決問題。在這種情況下，記錄客訴內容的筆記就非常有用。

之所以這麼說，是因為**過了客訴當天之後，顧客主張的內容通常會和前一天**

不同。

像這種情況，只要當時有確實做好筆記，就可以告訴顧客：「由於您現在說的內容，在昨天的說明中並沒有提到，請容我先針對您昨天提出的問題向您說明。」──**藉此掌握主導權**。

我以前的做法是，如果是企業客戶或知道個人資料的顧客，我會將複誦過後確認無誤的筆記內容，在事後整理成檔案，以附件的方式寄給對方，或是傳真到對方家裡，隔天再以同一份資料和顧客進行應對。

我將這個方法建議給許多企業的客服主管，獲得不少肯定，大家都覺得「只要有筆記，就不會發生『**究竟有沒有說過**』等不必要的爭執，真的很有用」。

統整以上的內容，客訴應對不順利的主要原因，可分為以下兩個。

> **1 拒絕道歉，因此雙方無法從對立關係變成對話。**
> **2 拒絕做筆記，因此無法分辨事實和意見。**

換個角度來說，只要做到這兩點，第一時間的應對就不會失敗。

根據我的經驗，一開始就怒氣衝衝、情緒化的顧客，或是過於激動、以強硬口吻厲聲斥責的顧客，只要應對者冷靜以對，幾乎每個人都會覺得「只有自己在激動」，因此態度也跟著軟化並冷靜下來。不過大家不要誤會，**所謂冷靜應對，並不是制式化的回應**。

「我們的應對似乎造成您的不愉快。請您將詳細情形告訴我。」像這樣以理解顧客心情的態度「冷靜」應對，出乎意料地，顧客就會對自己像小孩子一樣的吵鬧行為感到不好意思，於是慢慢降低自己的音調。

如何應對「更換負責人」的客訴問題？

從事業務工作的人經常會問我一個問題：如果前一位業務負責人在工作上出差錯，客戶要求「換人負責」，於是接續的工作輪到自己頭上，這種時候該注意什麼？以下我們先來看錯誤的例子。

✖錯誤的應對範例

顧客 之前那個〇〇〇，老是犯錯，你們公司到底在做什麼？

應對者 **我會好好做的，請您放心！**

顧客 你說你會好好做，有什麼可以證明嗎？你知道之前那個人犯了什麼錯嗎？

應對者 **呃……這個……**

很多時候，在告知客戶更換負責人時，客戶的怒氣都還未完全平息。**對於這種不抱持信任的客戶，就算請他放心，對方也不會相信你。**

遇到這種情況，各位不妨像下列範例一樣，先確實瞭解前一位負責人犯下的錯誤「事實」，再向客戶告知更換負責人的訊息，並表達歉意。

○正確的應對範例

顧客　之前那個〇〇〇，老是犯錯，你們公司到底在做什麼？

應對者　**對於敝公司在應對上屢屢出錯，造成您的不便，在此誠心向您道歉。我們會深刻反省自己的懈怠。針對您這次提出的問題，接下來我會負責努力改進。**

像這樣先針對前一位負責人的疏失部分道歉，接著只要明確讓對方知道自己已經完全瞭解事實狀況，並以新任負責人的身分提出今後的解決方案，客戶就會知道「對方已經知道之前負責人犯下的疏失，應該不會再犯同樣的錯誤了」，於是產生信任感。

現今的日本社會，大多傾向要求道歉。曾經就有國外製造的電梯發生意外事故，但由於事故原因不明，國外企業高層拒絕道歉，甚至對於企業醜聞的責任也說得不清不楚，因此引發輿論的強烈抨擊。這類的第一時間應對做法會失敗，也是正常的。

近來的日本，被害者通常會強烈要求加害者道歉。這是一種基於「希望自己受到重視」、「希望被尊重」的心態。

對於這種情緒上的被害感，以金錢賠償或退貨、重新提供服務等物質上的方法，並沒有辦法解決問題。

應對客訴時，不能把它當成是特殊商務溝通來看待，只能當成是純粹**人際之間的溝通**。要貼近投訴顧客的心情，針對自己的錯誤坦然道歉。

有時，因為一位員工的不誠實對待，會導致賠上公司的整體形象。相反地，公司整體的不誠實對待，也可能因為一位員工的誠實應對而得到挽救。這就是所謂客訴應對的工作。

顧客要求「叫主管出來」時，該如何應對？

我在演講和研習講座的提問時間，幾乎都會被問到一個問題：如果顧客要求「叫你們主管出來！」「叫負責人出來！」這時候該怎麼應對？

顧客劈頭就要求「叫主管出來」的情況

✖ 錯誤的應對範例

顧客 叫負責人出來！

應對者 **負責的人現在不在。**

顧客 什麼叫做不在？他沒有手機嗎？馬上聯絡他！

各位發現了嗎？當你回答「負責人現在不在」時，雙方的爭論點會變成「負責人到底要不要出面」的問題。

在這種情況下，應對者根本不曉得「顧客究竟為什麼要找負責人？」「到底發生了什麼事？」「為什麼要提出客訴？」

於是，在負責人出面之前，應對者完全沒有辦法確認事實。也就是說，雙方的對立關係無法變成對話。

面對這種顧客劈頭就要求「叫主管出來」的情況，我會建議使用和第一時間應對相同的方法，如以下範例。

○正確的應對範例

顧客 叫負責人出來！

應對者 非常抱歉，我們似乎造成了您的不便。您可以告訴我發生了什麼事嗎？我將會如實向主管報告。

像這樣以第一時間應對客訴的基本原則——做出有限度的道歉，並以傾聽的態度切入，是最好的方法。不必為此特地改變做法。

有些公司採取的方法是告訴顧客：「我就是現場的負責人，有事請跟我說。」不過，有一半的機率是顧客會根據應對者的外貌或職位來判斷，繼續堅持：「跟你說也沒用！叫主管出來！」

在對狀況一無所知的情況下，隨意由主管階級來出面應對顧客的抱怨，這對企業組織來說，會增加風險發生的機率。再說，根本沒有必要聽從顧客指名由誰來應對。應對的主導權應該掌握在己方手中。面對這種情況時，應該把主管當成最後一張王牌，不要在第一時間就出面。最好先透過第一時間的應對者以有限度的道歉和傾聽的態度，將雙方的對立關係扭轉成可以對話的關係。

你必須讓顧客知道，你是真的瞭解「事態嚴重到顧客想直接和主管對談」，展現仔細聆聽並邊做筆記以便事後向主管報告的態度。

此外，在應對客訴時必須留意的一點是：「**不要被顧客的說法牽著鼻子走。**」關於這一點，讓我們先以第一章提到的，在銀行櫃檯大爆粗口、亂發脾氣的中年上班族的例子來思考。

「你們害我損失了一大筆錢！我有很多話要說，叫你們行長出來！」

根據過去兩千件以上的應對經驗，我發現情緒激動的顧客，通常都會像這樣連珠炮似地，不斷控訴自己遭遇問題的嚴重性。例如：「我損失一大筆錢！」「我有很多話要說！」「叫你們行長出來！」等。千萬不能因為這一連串的說詞而動搖，或是被「叫主管出來！」的說法嚇得不知所措。

以這個案例來說，我希望各位可以試著思考，「對方究竟有多大的損失？」「有很多話要說，到底是指什麼？」「客戶該不會真的發生嚴重到需要主管出面處理的事情吧？」

只要可以這麼想，就能對客戶展現有限度的道歉和傾聽態度的應對。

有限度的道歉＋傾聽的態度

「對於您長久以來的支持，如今卻發生讓您不滿意的情況，實在非常抱歉。是否可以請您告訴我發生了什麼事？由我來替您轉達給分行長。」

窗口人員像這樣做出應對之後，對方也感受到應對者確實理解自己的心情，於是稍微獲得安撫，開始冷靜說明狀況。這才明白客戶抱怨的原因，是該銀行的專員所建議的金融商品害他遭受損失。

相較於「賠了一大筆錢」的說法，實際損失的金額並不多。不過造成損失的確是事實，對此這位應對人員也認真看待，向客戶做出以下的回應。

體貼顧客心情的說詞

「我們讓您失望，實在深感抱歉。我們將會反省能夠再為客戶提供什麼更好的服務。」

這位客戶聽到這番回應後，留下這段話就一臉滿意地離開了銀行。

「很抱歉我這樣大聲嚷嚷。我知道金融商品的買賣是要自己負責，不過我只是想要你們瞭解發生在我身上的狀況。謝謝你願意聽我說話。」

應對客訴時，不一定要解決顧客的所有問題，相反地，很多時候可能根本無法為顧客解決問題。正因為如此，各位務必要像前述案例中的應對人員一樣，能夠察覺對方的心意，理解對方的抱怨。

應對到一半，顧客要求「叫主管出來」的情況

這種情況屬於第一時間應對失敗的類型。

一旦顧客認為「跟這個人講，他也聽不進去，講了也是白講」，就會要求：「跟你說也沒用，叫主管出來！」其實就連我也是這樣，一旦提出抱怨後，發現和出面應對的人講不下去，對方也沒有決定權，無法做出判斷，我就會要求見對方的主管。

應對客訴常用的方法有「**換人應對**」和「**拖延時間**」兩種。

首先是「換人應對」的方法。我認為在應對客訴上，有所謂顧客和應對者「合不合得來」的問題。

最理想的情況，當然是一開始的應對者就能順利解決問題。不過很多時候，當情況進展得不順利時，只要換人，也就是**更換應對者**，顧客的抱怨就能迅速解決。

與其堅持絕對不讓主管出面，假使上級負責人能夠妥善應對顧客的抱怨，不妨可以選擇在適當的時機，由主管出面解決問題。為此，建議組織內部最好事先制定「**什麼情況下該由主管出面**」等標準作業守則。

關於負責人或主管出面應對的最好時機，沒有一定的答案。當第一時間的應對失敗時，為了接下來能夠掌控主導權，必須用以下方式回應顧客。

「換人應對」的回應方式

「很抱歉我幫不上您的忙。接下來會由主管來替您解決問題。」

「我瞭解您的問題了。不過由於這當中牽涉到許多我無法獨自決定的事，所以請容許接下來由我們主管一起陪同為您解決。」

另一個方法是「拖延時間」，同樣也是運用在第一時間應對失敗的情況。舉例來說，當透過電話應對到一半，顧客要求「叫主管出來」時，可以利用以下說法改變應對方式，為自己多爭取一點時間。

「拖延時間」的回應方式

「我瞭解您的問題了。不過非常抱歉，由於主管今天正好外出，我會將您的問題如實向他報告，由他明天再和您聯繫，不曉得這麼做您方便嗎？」

根據我的經驗，只要多爭取一點時間，即便只有一天也好，很多時候顧客的怒氣會平息許多。換言之，如果應對到一半，顧客要求「叫主管出來」，像這樣拖延時間的好處是，可以暫時轉移顧客的怒氣，使對方稍微冷靜下來。

我的客戶當中就有一家醫院，同時採取兩種不同的應對守則。一種是當第一時間的窗口人員應對失敗時，便改由行政部經理出面應對。另一個做法是由第一時間的應對人員進行瞭解，爭取時間，隔天再由行政部經理提出解決對策。

面對客訴信的第一時間注意事項

隨著網路購物的使用人口急速攀升，透過信件提出客訴的案例也愈來愈多了。面對客訴信，同樣必須留意一個重點，才能避免在第一時間應對失敗。

那就是：**請在顧客第一眼就會看到的信件主旨處，使用道歉的字眼**，例如以顧客收到的商品和訂購的不符等主旨來說明。

✖○ 回覆客訴信的錯誤與正確主旨範例

✖ 關於敝公司的商品配送事件

○【道歉啟示】針對商品配送錯誤事件

○ 對於商品配送錯誤造成您極大不便一事

回覆顧客時必須像這樣，讓人一看到信件主旨，馬上就知道內容重點。提出客訴信的顧客，和透過電話等其他方式投訴的顧客一樣，都在看店家是否會認真對待自己的意見。從寄出客訴信到收到店家回覆的這段時間，顧客的心情會充滿焦躁。這時候，比起等待的心情，被迫等待的感覺會更強烈。因此，即便是客訴信，第一時間的應對同樣不容失敗。

千萬不可以用主旨不明的方式回信，以免造成顧客更大的不安。

請**在信件主旨處就一目瞭然寫出內容要點，不要浪費顧客的時間**。

要避免客訴信的第一時間應對失敗，還有另一點必須注意的是，在回信之前，務必將自己寫的內容列印出來唸過一遍。很多人都是看著電腦螢幕反覆默念檢查，這樣是不夠的。

透過螢幕看和念出聲音，兩者的印象截然不同。有時候把信件列印成紙本，並試著念出來之後，會意外發現自己的用詞太過制式化而缺乏感情。

我通常會建議客戶，對於客訴信的回覆信件，可以先請負責回覆者以外的人員，將信件內容念出來並認同之後，再回信給顧客。

回覆客訴信時的錯字和漏字（某家網購公司的案例）

❶ ○ 對於您本次的購物
⇨ ✖ 對於您本次的購**屋**

❷ ○ 感謝您
⇨ ✖ **謝感**您

❸ ○ 造成您的困擾
⇨ ✖ 造成您**您**困擾

❹ ○ 我們感到非常抱歉
⇨ ✖ 我們感到**非**抱歉

❺ ○ 我們會在明天下午三點之前回覆您
⇨ ✖ 我們會在明天下午三點之點**恢復**您

把內容念出來的另一個好處是，可以發現在螢幕上不容易發現的錯字或漏字。

上面的表格就是實際發生在我一位網購公司客戶身上，沒留意到錯字和漏字就回信給顧客的例子。

其中案例1，後來被顧客以「我沒有買房子，只是在你們網站買東西」的回覆，冷冷地吐槽；案例5則是收到顧客挖苦：「意思是明天下午三點之前要恢復我對你們的信心嗎？」的回覆……（哭）。

該網購公司的客服部經理在事後表示非常懊悔。「我完全無法反駁。我們讓原本已經生氣的顧客更失望了。」

只因為一個錯字，就喪失了顧客的信任。這種差錯任何人都會發生，請各位也要多加留意。

以上是客訴信帶來的損害，以及應該注意的重點。不過，客訴信也有好處，就是在和顧客對話的過程中，所有內容全都留下了紀錄。

也就是說，可以避免「究竟有沒有說過這些話」的爭議。

另外，客訴信若是回應得好而感動顧客，有時候對方甚至會將應對的內容（信件文）列印出來慎重保存。這種例子也時有所聞。

某家航空公司的公關曾經告訴我一個案例，有位乘客因為不滿空服員的對待，於是寄了一封客訴信到公司的客服部。經過客服部確認狀況後發現，乘客的抱怨是起因於空服員和地勤人員之間沒有做好聯繫。

於是，客服部主管寫了一封信回覆乘客，表達誠心的道歉，也對造成乘客的不愉快做了檢討。這樣的內容打動了該名乘客。後來，當他下一次搭乘該公司的飛機時，便拿著這封列印出來的信件，激動地向櫃檯的地勤人員表示：「謝謝你們願意好好理解我的心情。這封信的內容讓我太感動了！今後也要麻煩你們了！」

避免負面風評延燒！在社群網站上絕對不能做的事

除了客訴信之外，最近也常看到企業由於在社群網站上的不當發言，造成負面風評延燒，事後又辯解「是大家誤會了」的例子。在社群網站上的發言，一定要先再三確認內容是否完整傳達自己的意思，才能公開。

近來的社會，針對企業的商品和服務，不只正面的訊息，就連負面評價也會透過推特和臉書為主的社群網站，瞬間在大眾之間散播。對企業來說，社群網站是不得不慎重以對的一種媒介。

社群網站本來是企業用來維繫顧客、建立粉絲的有效媒介。然而，如果那些企業不願見到的負面評價，透過社群網站散播開來，將可能造成損及品牌形象的危機。如何應對這種情況，成為現今企業的經營課題之一。

實際上，無論是企業的負面風評在推特上不斷被轉貼，或是社群網站上的評價在同事或家人間的口耳相傳下廣為散播等，都是現代生活中習以為常的事。

尤其推特具有匿名發表的功能，就連一些類似日常抱怨的內容，也會被當成事實廣為流傳，不斷出現所謂網路爆料的內容。例如：「〇〇公司的客服態度不好，非常糟糕！」「〇〇搬家公司的司機都亂開車！」「我遭受〇〇醫院護士的無理對待（請廣為轉貼）！」等。

如果在公開的社群網站或討論區，看到對自家公司不利的發言，這時候該如何應對呢？

事實上，雖然是社群網站，不過應對方法並無太大的差異。

在負面留言當中，可能有些很明顯充滿了並非事實的惡意發言。對於這些惡意發言，必須冷靜地防阻及應對，千萬不能變得情緒化。例如，必須確認留言的內容是否為自家公司的不恰當應對或說明不足所造成的。

假設經判斷後，確認是己方說明不足所造成，可以將這當成是改善作業方式的大好機會。例如，修正自家公司的官方網站說明，或是在官方網站上的「常見問題」專區追加修改訊息。

另外，如果判定推特上的發言內容，可能是自家公司的不當應對造成的，就可以透過企業的正式帳號，做出有限度的道歉。例如：「造成您的不滿，我們非常抱歉」等。以真誠的留言道歉，如此便能將負面評價的影響降至最低。

觀察社群網站上的不滿留言，會發現很多人都是不加思索就將心裡的不滿說出來。事實上，不少留言者在留言之前，都已經當場或在事後透過電話表達不滿了。換言之，**很多案例都是顧客在事發當場就已經表達不滿，卻「沒有得到妥善的應對」，或是「一句道歉也沒有就被含糊帶過」、「被當成奧客」，所以才會把這股不甘心的心情化為不滿的留言。**

這也是為什麼社群網站或企業官方網站的留言板上，會出現愈來愈多不滿的留言，甚至還公開流傳到媒體上的原因。

假使企業在監控社群網站的留言時，發現自家公司的負面風評，最好立刻聯繫負責的部門單位，並將訊息分享給包括其他部門在內的全體公司，大家一同共商對策。

社群網站雖然是個人發送訊息的媒介，不過擁有眾多追蹤者或具影響力的人物，其發言仍然可能會造成輿論話題而持續延燒。

因此，請各位一定要盡早做好公司內部的分工並制定相關應對守則，讓自己能夠以最快的速度做出應對。

企業小編必讀的實際錯誤案例

✖ 針對不滿留言的錯誤應對

✖ 刪除臉書粉絲專頁上「待客態度不好」等負面留言。

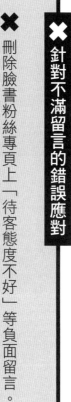

擅自將顧客表達不滿的留言內容刪除，若以客訴的電話應對來比喻，等於是在顧客說話說到一半的時候，默默掛掉對方的電話。對企業而言，或許這些是「不願意曝光」在其他顧客面前的內容，不過，這種做法對於留言被刪除的顧客來說，肯定會覺得「被漠視」、「再次遭受無理的對待」而氣到發抖吧。遭受這般毫無誠意對待的顧客，很可能會因此向媒體爆料。由此可知，這種做法相當危險，絕對不能犯。

如果要刪除，公司內部最好先擬定社群網站的相對應對守則，依照守則來行動。舉例來說，針對特定銷售人員的留言，或是對員工進行誹謗中傷等人身攻擊的情況，這類留言大可刪除也無妨。對於這類型的留言，企業具備充分的刪除理由。如果因為刪除留言受到質疑，大可態度堅定地表明是基於「斷定為惡意留言」而採取的對策。

✖針對不滿留言的錯誤應對

✖反駁推特上「商品才剛買來就壞掉，下次再也不會買了」的顧客發言。

有一個案例是，負責經營公司社群網站並監看留言的企業小編，在發現類似前述的抱怨時，立刻回覆對方：「該不會是您的使用方法不對吧？麻煩您再確認一下使用說明書。」

如果像這樣自認為「己方沒有錯」，就會做出駁斥顧客的回應。

這種企業做出的應對，等於是單方面地否定顧客，完全沒有貼近顧客失望難過的心情。即使企業沒有錯，也是相當危險的應對方法。

當然，顧客也不會因此就默不吭聲。

實際上，這位留言的顧客也採取正面迎戰的態度，回應小編：「既然你這麼說，現在東西就在我家，你可以馬上過來看。」雙方儼然就是在眾目睽睽的社群網站上，爆發一場「公開的爭吵」。

這種你來我往的爭吵，看在其他人的眼裡會怎麼想呢？

看到的人肯定也會覺得不舒服。就算企業的反駁站得住腳，和顧客爭吵的行為本身只會讓企業的形象頓時跌落谷底。

像這樣的反駁，喪失的不僅是眼前的顧客，也流失了其他看到爭吵的未來的潛在顧客。

在每個人都看得到的社群網站上，即便是不滿的留言，也一定要慎重應對。

遭受惡意留言的攻擊，正是行銷的大好機會！

換個角度來看，由於社群網站是公開的媒體，有時候也會因為應對方式，扭轉了自家公司的形象，成為吸引新顧客的大好機會。

以飯店為例，假設有人在評價留言板上寫下：「根本沒有大家說的那麼好。裡頭的設施好髒，整體感覺還好而已。」

這種留言真的會讓人看了生氣，甚至不禁想反駁：「或許我們飯店不是很新穎，但是一點都不髒！只有你提出這種意見！」

面對這種留言，有些飯店會套用既定的說法，制式化地回應對方，例如：「我們會將您的意見當作日後改進的參考。」比起這種範本式的回應，換作是我，會像以下一樣，加入感謝和有限度的道歉。

感謝＋有限度的道歉

「感謝您在眾多飯店中，選擇了我們做為您的住宿地點。對於您難得的支持，我們卻無法滿足您的期待，在此向您致上深深的歉意。」

接著，再用以下方式進一步說明。

趁亂行銷

「我們每天都會針對總共多達一百二十個清潔項目仔細進行打掃，並於事後一一逐項檢查。然而，根據您寶貴的意見看來，我們在這部分做得還不夠完善。我們將會針對打掃清潔的方式重新檢討，並做出調整，以確保您下回蒞臨時，不會再造成您的不愉快。」

透過這種方式，一方面誠心面對自己做得不夠好的地方，展現反省的態度，另一方面若無其事地強調自己每天都會針對一百二十個項目仔細清潔，並進一步展現自己慎重以對的決心。

簡單來說，就是自我檢討並明確告知接下來的改善方法。這麼一來，也能成為一種宣傳，讓對方知道自己今後會變得更好。

我經常建議各個企業客戶採取這種名為「**趁亂行銷**」的應對方法。其好處是，不僅可以安撫因為失望而在網站上留言的顧客，對於看到留言的潛在顧客，也就是未來的新顧客，也是一種宣傳行銷。

這就是將負面留言的挑戰，轉變為提升品牌形象和開拓新客源的絕佳宣傳手法。

如何面對不合常理的惡意留言，以及語意不明的留言？

在顧客的不滿留言當中，有時候可能會出現嘲諷或類似恐嚇的惡意留言。面對這種超乎負面情緒和不滿的偏激惡意留言，建議最好事先準備一套公司內部的應對守則。

換句話說，就是設定好哪些是「**不當用詞**」。

每家企業或行業的標準和容許範圍或許不盡相同，不過，對於「這根本是垃圾」、「這種員工，不如去死算了」（我知道還有其他更不堪入耳的說法，不過在此就以這些為例）的惡意留言，大可直接刪除。因為從這些留言當中，不可能得到改善的意見，對於寫下這種留言的顧客，也不可能建立正面的關係。

另外是關於留言的內容讓人不知如何應對的情況。例如，有人在企業的臉書粉絲專頁上留言：「你們在經營理念中所說的『一切都以顧客為出發點著想』，根本是在騙人」、「你們的服務，根本和電視廣告的完全不同」等。面對這種看不出重點的留言，與其隨意揣測而做出應對，不妨參考以下的回應方式。

針對語意不清的留言的回應範例

「感謝您的寶貴意見。由於本帳號無法為您做出回應，方便的話，請您播打本公司客服專線〇八〇〇－〇〇〇－〇〇〇〇，將會有專人為您提供服務。我們衷心期盼可以得知您的問題，提供進一步的解決方案。」

我相信這種誠實面對顧客心情的態度，一定可以牢牢抓住其他看在眼裡的顧客的心。

在裝上透明玻璃般**無可隱藏的社群網站世界裡，坦然的應對態度是絕對必要的**。

COLUMN

誠心道歉帶來的一場大逆轉

我想和各位分享一個我在調到客服中心之前，還是業務員時發生的例子。

那是一次由於主管的工作失誤，最後變成由我頂替去向客戶道歉的經驗。當時，我的直屬上司為求自己的業績表現，不斷對大型通販客戶做出讓人抱持期待的承諾。最後客戶發現「事實和他說的不符」，於是提出客訴。整件事很明顯就是該名上司的過錯，我們完全無法辯解。

對方甚至要向我們提出損害求償，事情演變成一場大災難。

後來不知怎麼地，變成我要代替那位逃避不面對的上司，出面去向客戶道歉。

我對「損害賠償」的事態甚感恐懼，以公司的立場來說，這也是一場不容失敗的應對。我的內心充滿矛盾，認為「這又不是我的錯」。比起避不面對的上司，我更想逃避。不過最後我告訴自己，「感到困擾的應該是客戶才對」，於是鼓起最大的勇氣去向客戶道歉。

對方的代表是年約五十歲的業務部部長，他有著一臉兇狠的模樣，也是客戶口中出名的嚴厲人士。我被帶到待客室，才正打算坐下來，這位部長就開始激動地不斷抱怨。

我就這樣被罰站了大約半個小時，只能靜靜地聽他說。他的用詞和語氣，全都充滿了不滿。

不過，對於這些無止盡的激動抱怨，我全都一一承受了。在聽他訴說的過程中，我也發現了許多真相。

這時我才知道，對方對我們公司原本抱持著多大的期待。

這位業務部部長為了讓與我們公司的新合約能夠順利獲得社內的同意，花了相當多時間做準備，針對內部進行簡報，努力說服其他高層。甚至為了提供更完善的訂單服務，還在客服中心安排了比以往更多的人力。聽他說到這些，我的內心糾結成一團，那種難過的感覺至今仍鮮明地烙印在我心裡。

令人羞愧的是，在這之前我完全只站在公司的立場，一心只想著「這次的應對絕對不能失敗」。我深深覺得自己絕對不能有這種消極的心態。

我誠心地向對方道歉，為他給予我們如此大的信任、我們卻狠狠背叛他的期待而謝罪。站在我個人的立場，更是打從心底對他感到抱歉，不斷向他深深鞠躬。

「我要說的就是這些了。」說完，他讓我坐下。

接著，他對於代表公司出面，為不是自己惹出的麻煩而致歉的我，慰勞地說：「簍子是你上司捅的，你卻毫不逃避地勇敢來見我們。」不僅如此，他還反過來替我們擔心，「發生這種狀況，你們公司還好嗎？」他這般貼心的話語，令我深受感動，至今仍無法忘懷。

最後他說：「這次就算了。下一次就好好拜託你們了。」原諒了我們，也放棄對我們的損害求償，事情圓滿落幕。

後來，這位業務部部長向我的上司提出要求，指名要我擔任業務窗口。在那之後，他們也提高了訂單的金額，成為我最重要的客戶。

第4章

抓住對方的心，一舉翻轉局面的「一流技法」

～掌握主導權的心態和技巧～

在前一章，我針對「應對客訴的五大步驟」中的步驟一——「道歉」做了說明。這個步驟是為了平息顧客的怒氣，避免在第一時間應對失敗。

接著在這一章，我將針對接下來的「**展現同理心**」、「**確認事實和顧客期望**」、「**提出解決方案**」、「**施展魔法**」等步驟一次說明。

無論在任何企業或組織當中，無關職位和經歷，有些人就是特別擅長應對客訴，讓人覺得「只要他出面，總是可以讓顧客展露笑容，成功化解客訴」。

這些擅於應對客訴的人，**通常都不會受制於顧客，而是站在掌控主導權的立場和顧客進行對話**。這一點請各位務必當成「應對客訴的一流技法」來參考。

一流人士會以同理心來聆聽顧客的抱怨

經過步驟一「道歉」抓住顧客的心、將雙方的關係從對立變成對話之後，接下來要做的就是步驟二：「**展現同理心**」。

我希望各位在面對顧客的抱怨時，都能以同理心來傾聽。

要怎麼做呢？

答案就是「**理解**」。請試著去理解顧客說的話，理解對方的心情。換言之，在雙方可以對話之後，為了讓彼此的關係更進一步，必須成為「理解顧客的人」。

如果抱著「明明不是我的錯，卻要我面對抱怨」的想法，很容易會做出制式的應對，只會「是的」、「這樣啊」地隨便附和。很遺憾地，這種方式並不能算是「理解顧客的人」，根本無法安撫到顧客的心情。

不少企業的客服人員對於客訴早已經感到麻痺，甚至有人還沒等到顧客說完，就急著「是的是的」、「這樣啊」地做出呆板的應和。這種傾聽的方式會讓顧客覺得「被隨便對待」，很可能惹得對方更生氣。

在應對客訴時，如果肯試著好好去瞭解「對方到底發生什麼事」，附和時自然會變成以下這樣的說法。

同理顧客的「附和說詞」

「原來是這樣啊！」
「還有這種事啊！」
「我瞭解了。」
「我可以體會您的心情。」
「讓您擔心了。」
「真是辛苦您了。」
「發生這種事，您一定很擔心吧！」
「我瞭解您的意思了。」

透過其他客訴應對書籍或研習講座等，學會一點應對技巧的人，可能會認為應對客訴是一件相當講究技巧的事。不過事實上，應對客訴靠的並不是技巧。一旦願意去瞭解顧客憤怒的原因，一定會做出以上的附和，否則就太奇怪了。

只要以同理心傾聽顧客的抱怨，很快就會知道顧客的想法，以及抱怨的原因。不僅如此，顧客也會因此冷靜下來，彼此變成可以對話的關係。

明石家秋刀魚先生抓住對方心理的聰明傾聽法

過去，我以企業客訴評論家的身分，參與富士電視網《真的假的？！TV》節目演出時，發現一件非常驚人的事：主持人明石家先生傾聽他人說話的方式相當了不起。

我想很多人對於電視上的明石家先生感到欽佩的是，他總是能夠不斷吐槽來賓，惹得大家爆笑連連。不過，我在錄影時打從心底最感動的，是他出色且厲害的傾聽方式。

他在傾聽來賓說話時，會不斷抛出獨特的「**展現同理心的附和說詞**」，例如「**喔！**」「**接下來！**」「**啊！我懂！**」「**啊！原來是這樣**」等，相當了不起。

透過穿插這些展現同理心的附和說詞，他總是可以讓節目來賓愈說愈興奮、愈講愈多。就連面對知名的大牌藝人，他也同樣可以聽得津津有味並做出回應，有時驚歎：「**真的假的！**」有時倒地大笑得比誰都誇張。

我們這些說話的來賓，在他的帶動下都變得心情大好。我想，正因為他是如此仔細地聽來賓說話，接下來才有辦法做出引發爆笑的精準吐槽。

由於本書的內容是說明客訴的應對，關於明石家秋刀魚先生的厲害之處，就先說到這裡了（笑）。不過我認為，他那獨特的「展現同理心的附和說詞」，完全可以套用在客訴應對上。正因為願意仔細傾聽對方、瞭解對方，彼此就能建立良好的正面關係。

或許各位認為應對客訴是一項特殊的工作，不過事實上，這就是人與人之間的溝通。以某種意義來說，就像與合得來的同事之間的閒聊，或是與家人的日常對話一樣。若要改善人際關係，展現同理心是相當重要的要素之一。

日本最知名的心理治療師、參與日本心理健康協會（Japan Mental Health Association）的衛藤信之先生曾經跟我說過一句話：「**願意瞭解對方的態度，可以打開對方的心房。**」

若要成為瞭解顧客的人，請各位以同理的態度好好傾聽，藉此抓住對方的心，重新獲得對方的信任。

以為是「展現同理心的說詞」，卻把情況變得更糟糕的錯誤說法

在客訴的應對上，應對者出於善意而常見的幾句話當中，有一些其實是錯誤的說法。以下兩個就是最具代表性、說了會讓顧客更生氣的用法。

最糟糕的錯誤說法

「您說得沒錯！」
「您說得很有道理！」

我相信，不管任何行業，在應對客訴時都會使用到這些說法。就連我的客戶也經常在應對客訴時這麼說。

然而，這兩個說法以應對客訴來說，其實是最糟糕的說詞。

因為它們所**表現的並不是同理和理解，而是「同調」**。所謂同調，指的是同

意和贊同。

也就是說，「您說得沒錯」、「您說得很有道理」的說法，等於是對顧客提出的說法和意見表示：「沒錯沒錯，就像您說得一樣！」「您說得沒錯，我贊成！」等贊同的意思。這種說法並不妥。

如果在應對時不斷這麼回應對方，會讓對方覺得：「我說得果然沒錯！」「都是你們公司的錯！」因此變得更生氣。怒火愈燒愈旺的顧客，接下來就會要求應對者：「我不會這樣就算了！」「這不是道歉就沒事了！」包括本來只要道歉就沒事的問題也是如此。

或許各位已經發現了，事實上，**表現同調的說法，就等於是「全面道歉」**。我曾在第三章建議各位，應對客訴的第一時間應該做的，是「有限度的道歉，而不是全面道歉」。如果使用「您說得沒錯」、「您說得很有道理」的說法，等於是做出全面道歉。

這種看似全面認錯的應對，會讓顧客以為「自己比對方（企業）站得住腳」，於是不將努力做出回應的對方放在眼裡。

應對客訴時，最讓人害怕、也最應該避免的，就是和顧客的關係變成比對立

更糟糕的「上下關係」。

一旦雙方變成上下關係，顧客百分之百都會擺出自己是上位者的態度，直到對方提出符合自己要求的解決方案，才肯罷休。

在這種情況下，顧客會擺出不必要的強勢態度，例如：「既然你們承認所有的錯，知道自己這麼糟糕，那麼打算怎麼負起責任呢？」這麼一來，事情將會沒完沒了。

和顧客保持「對等」關係就可以了！

我認為和投訴的顧客之間的關係，其實沒有上下之分。

或許各位會感到意外，不過即便是面對顧客的抱怨，在應對時也只要把雙方當成是站在「**對等**」關係上看待就行了。

這是因為應對者必須成為「**理解顧客的人**」。

如果顧客抱怨的原因，是企業的惡意行為造成自己的損失，這種情況就屬於犯罪。這時，企業方就是加害者，立場會在顧客之下而必須贖罪。

然而，應對客訴的人事實上並沒有犯下任何過錯。

雖然努力為顧客提供服務，卻因為「說明不足」、「雖然已經很努力了，還是無法讓顧客滿意」、「雖然已經多替顧客著想了，還是做得不夠」等原因而造成客訴。這時和顧客的關係，大可站在對等的立場。

根據我過去兩千件以上的客訴應對經驗，得到一個結論是：

雖然顧客想解決眼前的問題，**不過卻更希望「被瞭解」、「被理解」，才會提出抱怨**。

過去我還不懂應對客訴的方法時，一直以為顧客之所以提出抱怨，是希望能夠解決眼前的問題，所以我總是急著提供解決對策。還有一段時期，我一心只想快點獲得原諒，結束應對。

不過，我愈是急著提供解決對策，顧客通常愈是抱怨：

「你根本什麼都不懂！」

「跟你說也沒用！叫其他人來跟我說！」

其實，我應該做的是**成為讓顧客覺得「這個人瞭解我的問題」、「他是站在我這邊的」的應對者**。

抱怨的背後，隱藏著顧客的苦衷和事件的背景

為什麼會發生客訴？

關於這一點，前述內容曾提到，是因為顧客抱持著高度期待的緣故。

也就是顧客認為「只要讓這家公司來做，一定可以……」「我相信他們可以讓我的生活變得更方便舒適」、「這種小事，他們應該可以做得很好吧」等。

不過，實際結果卻和期待大有落差，於是感到「太失望了！」「好可惜！」「大失所望！」這種期望和現實之間的落差，就是造成客訴的原因。

身為應對者，必須瞭解顧客因為這種落差而感到失望難過的心情。

若要理解顧客的失落感，就會知道自己應該以同理心好好傾聽。客訴所代表的是顧客才知道的**苦衷**，以及應對者（企業）無法想像的事件**背景**，甚至還包括顧客希望透過商品或服務獲得的改變，也就是顧客「**期待的樣子**」。

確實瞭解這些原因，是應對客訴時相當重要的一點。

「海豚沒有想像中跳得那麼高……」

接下來要分享的案例，是一個針對水族館海豚表演的客訴案例。有一位全家到水族館出遊的客人，在水族館的官方網站上留下「海豚看起來沒有精神，也沒有想像中跳得那麼高……」的抱怨內容。負責應對的水族館員工，跑來請教我該怎麼回應這樣的顧客抱怨。

於是，我請他依照第三章提到的，針對官方和社群網站上主旨不明的顧客意見（要求），用以下方式做出回覆。

針對語意不清的留言的回應範例

「感謝您的寶貴意見。針對您提出的問題，我們希望可以進一步瞭解詳細情形。方便的話，請您播打本公司客服專線〇八〇〇－〇〇〇－〇〇〇〇，我將為您提供服務。我們衷心期盼您的來電。」

隔天，留言的顧客（家族裡的媽媽）就打電話來指名要找該負責人。負責應對的員工聽完對方的解釋之後，頓時理解她為什麼抱怨「海豚沒有想像中跳得那麼高」的原因了。

這位顧客的孩子在水族館的電視廣告中，看到海豚以驚人的跳躍力飛躍在空中的畫面之後，便不斷向爸媽吵著暑假要去看海豚表演，於是一家四口才會來到水族館。

在前往水族館的途中，一家人甚至還在車上熱烈討論著：「海豚要是真的跳得那麼高，躍入水面時，不就會濺起很大的水花，把大家的衣服都給弄濕了嗎？」等。但後來，他們實際看到的和電視廣告完全不同，海豚根本沒有跳那麼高……

這樣的結果，讓孩子最後抱著失望的心情回家。這便是顧客抱怨的重點。

在這則抱怨當中，我們也可以發現顧客的苦衷和事件的背景，以及顧客「期待的樣子」。

聽完這些之後，應對的員工進一步展現同理心，用以下的方式回應對方。

展現同理心的說法

「我們讓您一家充滿期待，最後卻讓您們大失所望了。」
「您為了讓孩子開心，特地大老遠前來。」
「我自己也有孩子，非常能理解您難過的心情。聽完您的話，連我也覺得很不甘心。」

因為是以同理心傾聽，瞭解顧客提出抱怨背後的苦衷和事件背景，才能做出這種貼心的「**同理心說法**」。

由於這些具同理心的回應，使顧客也展現體諒的態度，後來提到許多在水族館的美好回憶，例如：企鵝很可愛、孩子看到沒見過的深海魚很興奮等。最後，據說顧客在掛上電話前，還開心地表示下次會再去玩。

這個案例的應對簡直就是「一流的客訴應對」，將原本抱怨的顧客，在最後變成自己的忠實粉絲。

應對客訴時必備的「試圖理解對方的心態」

應對客訴時，光靠技巧是不行的。

愈是對應對有信心的人，愈會對顧客說出不必要的話而失敗。

面對顧客的抱怨時，必須具備「**換成是我會怎麼想？**」等站在顧客立場思考的心態。若要將顧客的怒氣轉為笑容，必須讓自己和顧客有一樣的心情。

事實上，面對顧客的抱怨，很難提出百分之百完全符合對方期待的解決方案。以前述海豚的例子來說，根本不可能有什麼具體的解決方法。家人重要的出遊回憶，也不可能再重來一次了。正因為如此，貼近顧客的心情就變得很重要，也就是理解抱怨背後的來龍去脈，並展現同理心。

應對客訴的成敗，靠的不是解決方法。重要的是能多貼近顧客的心情。

只要不覺得客訴很可怕，展現願意好好傾聽的態度，一定可以重新獲得顧客的信賴。就算覺得害怕，也要踏出這一步，因為這是應對客訴時必要的心態。

無論任何情況，如果只針對部分，每個人都能做到同理心

要對顧客的抱怨做到全部同理，或許有些人會覺得：「這樣做不會太誇張了嗎？」

這時該怎麼辦呢？

對於怎麼想都覺得不合常理的要求或意見，建議可以採取「**部分同理**」的態度。當遇到「這不對吧？」「這不太合理吧？」等讓人不禁想反駁的意見時，請

用以下的方式來回應。

部分同理的表現方法

「對於您有這種心情本身，我非常能夠理解。」
「對於您有這種想法本身，我也能瞭解。」

重點在於「**本身**」這個說法。即便是自己不太贊同的事，也不要用「我不這麼認為」或「這位客人，請恕我直言……」等說法來直接反駁，而是以針對部分內容展現同理心的方式，來和顧客溝通。例如：「對於您有這種心情本身，我能夠理解。」

正確來說，與其說是同理，也可以當成是「**協調**」。在應對客訴時，有些顧客無論怎樣就是想唱反調。面對這樣的顧客，就算不能做到全面同理，希望各位至少也要表現出部分的同理，藉此更貼近顧客，建立雙方的正面關係。

我跟各位分享一個現在回想起來覺得好笑的案例。每次演講時，當我被問到

「至今遇過最可怕的客訴案件」，一定會提到這個驚人的例子。那是發生在我任職客服中心，專門負責飯店旅館客訴案件時的經驗。各位覺得會是什麼事呢？

被兇狠的客人叫出去軟禁了五個小時嗎？

被激動的客人一把抓住衣領，差點挨揍？

這些其實我也都經歷過（笑），不過還有更可怕的。

那是一則「旅館露天溫泉的水是溫的」的客訴。

提出客訴的是一位上了年紀的男顧客，他趁著盂蘭盆節，來到一家評價非常好、可以從露天溫泉看到絕美景色的知名旅館度假。後來，他向我們投訴：「我今天去泡了露天溫泉，沒想到裡頭的水根本就只是溫的，害我差點感冒。」

當時已經是晚上十點了，他應該是在櫃檯找不到工作人員，所以回到房間後直接打電話到我們公司抱怨。我還記得他聽起來應該喝了不少酒，口氣很不好。

事實上，這家旅館的溫泉屬於源泉溫泉，照理說水溫應該是滾熱的，甚至很多住宿的旅客在事後的意見調查表中都提到「溫泉太燙了，沒辦法泡太久」。明明是這樣的露天溫泉，這位男顧客的意見卻完全相反，覺得「水是溫的」、「害我差點感冒」。

就在我仔細聽他抱怨的同時，突然發現一件出乎意料的事。**他口中覺得「水是溫的」的溫泉，根本就不是露天溫泉！**

而是旅館「大廳的水池」（笑）。

別說是溫水了，那根本就是冰水，應該還有錦鯉在裡頭游著吧。

「搞什麼嘛！就算喝醉，也應該會發現才對啊……」（我的心聲）

我腦海裡不斷冒出這種吐槽的話。我應該指出他犯下的這種天大誤會嗎？說了也只是害他丟臉吧……我不斷思考該怎麼告知他，最後脫口說出以下的回應。

部分同理的表現方法

我　**您原本滿心期待的露天溫泉，最後卻讓您大失所望，覺得水溫不夠燙，對此我們相當遺憾，也非常能夠理解您的心情。**

顧客　知道就好。我要去睡覺了，不然再這樣下去一定會感冒。明天你去跟旅館經理好好說一聲！

就這樣，他掛上了電話。事情圓滿落幕。

這個案例讓我深切體會到，部分同理有個好處就是：**不會傷害到顧客的自尊心**。假使我當時回覆對方：「這位客人，那是大廳的水池喔！你這樣會感冒喔！」事情會演變成怎樣呢？我現在光想就覺得背脊發涼（笑）。

展現同理，但不要同情

在客訴的應對上，會遇到有各種苦衷的顧客。前述內容曾提到，無論任何情況，（假使針對部分）每個人都能做到同理。不過，**請千萬不要同情顧客**。尤其是對於在抱怨中透露出家庭問題或健康問題等個人苦衷的顧客，絕對不能過問太多。

我自己也曾經接到以下客訴問題的諮商。

有一位產地直送的網購業者，由於商品配送錯誤，消費者打電話到客服中心抱怨。當時，這名消費者自顧自地不斷提到自己生活上的問題：「我的家已經因為地震全沒了，都這麼難過了，你們竟然還送錯東西，害我的心情更不好。你懂我的心情嗎？」

關於對方的房子沒了，當然令人遺憾，也能體諒對方的心情。不過，房子沒了，和商品誤送造成不便，是完全不相干的兩回事。

不過，對消費者這些話產生同情的網購員工，竟然回應對方：「您真是太可憐了，有什麼我們可以免費協助提供給您的嗎？」於是，該客服中心的主管跑來向我尋求解決方法。

以公司的做法來說，針對配送錯誤造成到貨延遲，的確可以提供免費的附加服務，以表示歉意。不過，我並不贊成公司對消費者的言論過度同情。

我曾經說過，瞭解顧客的苦衷和事件的背景很重要。此外，另一個必須做到的是，把顧客說的話記錄下來，**把焦點放在客訴的事實真相和直接原因上**，所有後續的回應都不能偏離這些事實。

確認事實和顧客期望時的注意事項

接下來是針對步驟三「**確認事實和顧客期望**」的說明。

在以同理心傾聽顧客說話並邊做筆記的過程中，有幾個重點最好要確認清楚。大致可以分為以下四點。

針對「員工態度不好」等客訴問題的確認事項

1 時間、地點
2 發生什麼事（事實）
3 顧客為什麼生氣
4 顧客想怎麼做（期望）

假設突然有顧客在店裡提出抱怨，就算當場無法做筆記，至少要瞭解並掌握這四點。做筆記時，不是用自己的解釋來記錄，而是**把顧客說的話原原本本地記錄下來**。

最近有愈來愈多企業都會利用下頁的客訴應對專用制式表格，來確定事實和顧客期望。

在確認事實和顧客期望的過程中，就會漸漸知道接下來的應對重點。如果同時還做了筆記，就能將顧客抱怨的內容「文字化」。

舉例來說，顧客抱怨：「你們的商品害我受傷了，我要解約。」假使沒有好好記錄下顧客說的話，做好事實確認，就會像以下範例一樣，被最後的「我要解約」這句話模糊了焦點。

✖錯誤的應對範例

顧客 我買了你們的商品，用的時候卻害我受傷了。我要解約。

應對者 **關於您購買的這項商品，合約載明六個月內不能解約，否則就得付違約金。**

顧客 你們的商品都害我受傷了，我管你什麼違約金！

這是實際發生過的案例。這種應對方式，使得情況後來演變成顧客要求：「跟你說也沒用！叫主管出來！」等不可收拾的地步。

以這個案例來說，如果可以仔細確認事實，就會知道顧客的主張包括了自己受傷，以及想解約兩件事。

也就是說，可以瞭解這整件事的因果關係應該是，抱怨的原因是「商品害自己受傷」，所以顧客提出「想解約」的要求。

只要把焦點放在：「請問您是怎麼受傷的？」「您的傷勢現在怎麼樣了？」投以同理的回應，就能得知詳細的事實。

應對客訴時，確認事實和顧客期望的專用制式表格

❶ **時間、地點**
※ 店裡或透過電話

❷ **發生什麼事（事實）**
※ 將顧客的描述原原本本地照實記錄。不做任何省略或用自己的方式整理。

❸ **顧客為什麼生氣**
※ 抱怨的原因、顧客氣憤的言行等。

❹ **顧客想怎麼做（期望）**
※ 是否有什麼想說的話，或是希望店家能夠瞭解的事，或者是否有任何具體要求。

以下是最好一併瞭解的特記事項，以防日後更換負責人，也可做為應對紀錄的存檔。

顧客資料
❶ 姓名　❷ 性別　❸ 地址　❹ 聯絡方式

顧客的樣子、氣憤程度
非常激動　（具攻擊性）　激動冷靜
※ 圈選其中一項

應對結果狀況報告
（範例）在聽過顧客的說明之後，向對方表達歉意。最後顧客接受致歉而掛上電話。

有效的詢問方式

在記錄顧客的說明以便確認事實和對方的期望時，只要學會以下的對話方法，就可以輕易掌握顧客想表達的意思。

確認顧客意思的問法

「所以您的意思是○○○，沒錯吧？」「也就是○○的意思吧？」

・舉例

應對者 **您是說，當時我們負責出面的員工說過○○嗎？**

顧客 沒錯！

透過選項，確認顧客意思的問法

「您想說的意思是〇〇嗎？還是〇〇？」

統整顧客意思的問法

「也就是說〇〇，沒錯吧？」

・舉例

應對者 **也就是說，最後您等了一個小時，沒錯吧？**

顧客 對。

不瞭解顧客意思的問法

「請問您目前最大的困擾是什麼？」

顧客究竟想怎麼做？

有些時候，顧客不會直接提出要求，也就是不會說出自己究竟想怎麼做。不過，只要透過仔細傾聽，應對者自然會知道自己該做什麼。顧客的要求，大致可以分為兩大類。

1 「單純想抱怨」、「希望對方瞭解自己的心情」
2 要求具體的解決方案

1 「單純想抱怨」、「希望對方瞭解自己的心情」

這種情況下，顧客通常不會提出具體要求，只是想告訴對方（因為你們的過失）「造成我的不愉快」、「讓我吃盡苦頭」、「害我提心吊膽」、「害我擔心」等。

這類案例在確認事實和對方要求的時候，可以參考以下的記錄方法。

①時間、地點

○月○日下午，顧客在店裡消費的時候。

②發生什麼事（事實）

收銀人員態度不好。

③顧客為什麼生氣

「退換商品時，店員的態度相當不耐煩。身為經常消費的顧客，我無法接受這種態度。」

④顧客想怎麼做（期望）

針對店員這種讓人困擾的態度，想表達不滿。

2 要求具體的解決方案

假使顧客提出具體要求，不妨評估自己是否能提供換貨或退錢、維修、後續服務等解決方法。

這類案例在確認事實和對方要求時，可以參考下列的記錄方法。

①時間、地點
②發生什麼事（事實）
③顧客為什麼生氣
④顧客想怎麼做（期望）

○月○日下午，顧客打電話到店裡投訴。
前一天買的西裝，鈕釦脫落了。
「為什麼要販售有瑕疵的商品？這種問題照理說應該要事先發現才對啊！我本來打算今天要穿的，結果太讓人失望了。」
「馬上來我家，我現在就要換貨！」

無論是1或2的情況，只要將事實和顧客期望確認清楚，就能像下列一樣，再一次對顧客做出貼近心情的回應。這時候可以一併使用「道歉」和「同理心」的說法。

展現道歉和同理心的說法

「我已經瞭解情況了。關於您長久的支持，我們卻做出如此失禮的應對，在此衷心向您致歉。」
「關於造成您莫大的困擾，我已經明白了。發生這種事，真的會教人擔心呢！」
「對於造成您不安的心情，再一次向您致歉。」

為了讓顧客覺得「對方願意聽自己說話，願意瞭解」、「對方願意毫不逃避地坦承面對過錯」，請一定要用這種方式好好對顧客做出回應。

前一陣子，我換了一臺新的電腦。用了一週之後，我發現電腦無法充電，便馬上拿著電腦到當初購買的家電量販店。

當時，負責維修的員工以同理的態度聽完我的說明，將事實和我的要求確認清楚之後，做出以下的回應。

善解人意的說法

「您特地來買電腦，才正準備要使用，卻發生這種事，造成您莫大的不便。不曉得是否因此耽誤到您的工作？」

老實說，這件事的確對我的工作造成了耽擱。我非常生氣自己「買到瑕疵品」，不過由於店員的這句「**善解人意的說法**」，我突然很開心「他願意好好理解我的心情」。我還記得自己當時不禁開心得像是中了大獎一樣。

這種確認過事實和顧客要求之後，做出超乎顧客期待的「善解人意的說法」，可以輕易就達到安撫顧客心情的作用。

比起提出解決方案，更重要的是如何提供

關於步驟４「**提出解決方案**」，建議最好先獲得顧客的**同意**，再提出解決方案。在顧客說完話之後，透過以下「**請求同意的說法**」做出回應。

請求同意的說法

應對者：**我明白您的意思了。請問我可以有話直說嗎？**
顧客：可以啊。

像這樣先拋出「請求同意的說法」，在得到顧客「**諒解的回應**」之後，再開始說明自己的想法和解決對策。

依照客訴類型不同，以下分別列出適用的「請求同意的說法」範例。

1「單純想抱怨」、「希望對方瞭解自己的心情」的情況

請求同意的說法

「對於您所指出的我們做得不夠好的地方，在此誠心向您致上歉意。我們期待能夠將您的寶貴意見傳達給公司內部，努力提升員工的待客能力。不曉得這麼做您同意嗎？」

2 要求具體解決方案的情況

請求同意的說法

「對於這次造成您莫大的麻煩，我們深感抱歉。發生這種事，我們實在感到相當羞愧。之後，我們希望可以將商品寄送到您府上，不曉得您是否方便？」

提出解決方案時，最重要的是最後要再加上「請求同意的說法」，確實得到顧客的同意。

也就是說，提出解決方案的時候，必須在**（1）提出方案之前**，以及**（2）提出方案之後**，兩度向顧客請求同意。

這時候，請避免單方面的果斷說法，例如：「我們會努力提升員工的待客能力」、「我們會把商品寄到您府上」等。

不要忘了，一定要先詢問：「請問您同意嗎？」「不曉得您是否方便？」並獲得顧客「沒問題」、「好，就這樣吧」的回覆。

應對客訴不是要說服顧客，而是獲得顧客的接受

在我擔任代表董事的日本客訴應對協會（Japan Association Complaints Handling，JACH）中，平時都有開辦關於企業客訴管理顧問，名為「客訴管理顧問培訓講座」的研習活動。

學員們必須在事前接受問卷調查，問題不只針對是否曾有客訴應對的經驗，還包括自己是否曾對商家提出客訴等。

這份問卷的目的，是希望學員可以站在相反的立場，瞭解顧客提出抱怨時的心情。而問卷的統計結果也相當耐人尋味。

如同下頁列出的問卷結果，對於企業的客訴應對，最讓人感到氣憤的第一個原因是（都已經提出抱怨了）「沒有在一開始立刻道歉」，第二個原因是「沒有好好聽顧客說話」。

這樣的結果，簡直就是助我一臂之力。因為一直以來我就不斷強調，客訴應對必須在第一時間做出有限度的道歉，並且以同理的態度傾聽顧客說話。

另一個讓人驚訝的是，愈是認為「應對客訴時千萬不能在第一時間馬上道歉」的人，在「最讓人氣憤的企業應對」問題中，通常都會回答「沒有在一開始立刻道歉」。這實在令人匪夷所思。

另外，排名第三的原因是，「（應對者）單方面地強迫接受解決方案」。也就是說，企業單方面地強迫顧客接受自己的安排，會讓顧客覺得自己不受重視，產生不愉快的心情。

客訴管理顧問培訓講座之問卷調查與結果

Q：在對企業提出客訴後，
會因為對方何種應對而感到生氣？

第一名：沒有在一開始立刻道歉。

第二名：沒有好好聽顧客說話。（敷衍了事。聽不懂就把顧客當皮球踢來踢去。）

第三名：單方面地強迫接受解決方案。（打算用錢打發了事，並直言除此之外沒有其他方法。）

第四名：感受不到反省檢討的態度。（一副「又不是我的錯、跟我說也沒用」的態度。）

第五名：反駁顧客的意見。把顧客當成奧客對待。

（取自日本客訴應對協會的調查。採樣為一百份的自由作答。）

我們經常可以看到的例子是，企業在提出解決方案之後，如果沒有取得顧客同意就結束應對，顧客當場雖然看似接受結果，不過回去之後，對於被強迫接受一事，會愈想愈生氣，於是再度打電話到總公司或客服中心抱怨。

說來羞愧，我在擔任客服中心主管時，經常對下屬「順利解決客訴」的報告信以為真，幾天後卻接到當初投訴的顧客要求見主管，被對方痛罵：「你們都是怎麼教育員工的？態度冷淡，只會打官腔，強迫顧客接受你們便宜行事的安排！」

這都是因為當初在提出解決方案之前，雖然得到顧客的同意，卻沒有取得第二次（提出解決方案之後）的同意。**結束應對客訴的重點，不是在於說服顧客，而是獲得顧客的接受**。

一旦獲得顧客的接受之後，最好別忘了再加上一句「感謝您的諒解」，對顧客表達感謝的心情。

如何應對顧客提出「我要退錢」的要求？

對於顧客要求退錢的抱怨，該怎麼應對呢？

答案只有一個，就是**事先制定好判斷標準**。這個判斷標準可以用「評估是否達成和顧客之間約定」的基準來思考。只要判斷是否完全依照並履行合約內容就行了。並不是顧客提出要求，企業就要退錢。

舉例來說，顧客在網購平臺上購買了十顆桃子，其中有三顆壞掉了。這種情況就是沒有做到和顧客之間的約定，屬於契約不履行的行為。

原本收了十顆桃子的費用，最後卻只提供七顆給顧客。因此，這時候就要向顧客提出退還差額或是重新補送三顆桃子的解決方案。

至於顧客收到桃子之後，抱怨「不好吃」、「桃子顏色不漂亮」等情況，由於已經履行了提供十顆桃子的契約（約定）內容，這時比較妥當的做法是，只要針對不合口味或色澤不如預期等事道歉，不需要退錢。

現在有不少公司認為，與其讓員工浪費時間對客訴感到生氣，不如直接退錢給顧客比較省事。我不得不說，這是一種很糟糕的應對方式。

曾經有一位藥局的藥劑師，由於顧客不斷在店裡大聲咆哮：「你們治療花粉症的藥根本沒有效，一點用都沒有。」他在恐懼之下，馬上將錢退給顧客。

沒想到這樣的回應，惹得顧客更為光火，氣得大罵：「你根本搞不楚問題，只想用錢打發我！」

以這樣的例子來說，必須冷靜判斷比起退錢，顧客對藥物沒有作用一事感到更為失望。因為眼睛癢、流鼻水等花粉症的症狀，已經造成顧客無法工作，感到困擾，才會對藥效抱持著期待。

顧客的期待就在於此。

由於這種藥可能不太有效，為了回應顧客的期待，或是解決顧客的問題，因此如果可以提供更專業的解決辦法，例如眼藥水或可全面抵擋花粉的口罩，或是提供幾個減少將花粉帶入屋內的方法等，才是最理想的做法。

遇到這種情況時，請各位別忘了遵守「先確認顧客為什麼抱怨（事實）、想要做什麼（期望），然後提出解決方案」的應對方法。

明確讓顧客知道自己「辦得到」和「辦不到」的事

在傾聽顧客說明時，請各位要先假設對方接下來會提出**過分（不當要求）或不合理的要求**。

就算覺得顧客的要求不合理，在應對態度上，也不能將把方當成奧客看待。

請提醒自己，**要明確地讓顧客知道自己「辦得到」和「辦不到」的事**。接下來就讓我透過實際案例為各位具體說明。

大型超市的六十歲男性（電話）客訴事件

「昨天我在你們店裡買的鍋子，把手的螺絲凸出來了，害我的手受傷，到醫院縫了兩針。我要你們支付我醫藥費和賠償金共三萬日圓！萬一今天受傷的是我的孫子怎麼辦！這個鍋子根本就是瑕疵品，給我換一個好一點的高級鍋來！」

如果是各位，面對這樣的客訴，會提供什麼解決方案呢？

以這則客訴內容來說，顧客的要求是「支付醫藥費和慰問金共三萬日圓」，以及「這個鍋子是瑕疵品，換一個好一點的高級鍋來」兩件事。

首先針對第一個要求「支付三萬日圓」。超市內部必須在事前制定關於顧客受傷及食品引發身體不適等，危害健康的相關因應措施。

假使像這個案例一樣，顧客到醫院縫合是事實，最好**先表達慰問之意，例如：「您的傷勢還好嗎？」**然後再告知顧客：「只要您提出醫院的診斷證明書，我們就會支付您醫藥費。」

不過，關於慰問金的部分，針對只有顧客本人才知道的心靈創傷，最好不支付賠償，而是對於造成對方不適一事表達歉意。

至於第二個要求「更換高級鍋具」，大可將它視為過分的要求。顧客受傷、擔心孩子安危的心情，確實可以理解。但是，更換高級鍋具，等於是不當的要求。

以這個案例的解決方法來說，可以告知顧客無法更換高級鍋具，而是以退貨或更換相同商品來處理。

必知重點

明確告知顧客自己「辦得到」和「辦不到」的事

○ 辦得到的事：支付醫藥費和提供商品的更換或退貨。

✖ 辦不到的事：支付慰問金和提供更換高級鍋具。

本案例中，提供解決方案的示範說法（實際提供的內容）

「請您將購買的鍋具退還給我們。

關於您受傷的部分，只要您提供醫院的診斷證明書，我們將會盡快支付您相關的醫藥費。

另外，針對慰問金和更換高級鍋具，我們無法滿足您的要求，實在非常抱歉。不過，您可以選擇更換同款商品或辦理退貨。不曉得您是否同意這樣的做法？」

在這個示範說法當中，先告知顧客無法滿足關於慰問金和高級鍋具的要求，接著再表示可以提供換貨或退貨的服務。

像這樣先告知顧客「辦不到的事」，最後再以「辦得到的事」作結，就能讓顧客留下積極態度的印象，可以說是一流的應對技巧。

再補充一點。在不合理的客訴當中，有時候會針對像是「萬一今天受傷的是我的孫子怎麼辦」這種「萬一……」等尚未發生的假設，提出不滿或抱怨的說詞。

事實上，**這種乍看覺得不合理的說法，正說明了最讓顧客憤怒，造成其抱怨的原因**。以前述案例來說，在應對時，建議也要針對這種假設性的抱怨回應「展現同理心的說法」。

展現同理心的說法

「一想到這種狀況要是發生在您的孫子身上，我就非常能夠理解您的擔憂。」

尤其如果同時要傳達「辦得到的事」和「辦不到的事」，先針對這部分展現關心、同理心的說法，接著再提出解決方案，效果會更好。

真的無能為力時的應對方法

當然，針對顧客抱怨中的要求內容，並非每一項都有辦法應對。也就是說，有些案例**根本就沒有解決對策**。

就算是這種情況，也不要輕易就說「辦不到」，最好謹慎思考該如何告知顧客這個事實。

沒有解決對策時的應對範例

A「實在非常抱歉，我們恐怕無法提供更換較高級的商品。」

B「我們恐怕無法提供更換較高級的商品，非常抱歉。」

A的告知方法並沒有不好，不過，我認為B的傳達方式，比較容易讓顧客感受到道歉和關心。

即便顧客提出不合理或不實際的要求，與其強調自己做不到，不如強烈表現出「很抱歉無法因應您的要求」的心情（以道歉或關心的說法作結），顧客會更容易接受沒有解決對策的事實。

一流應對者才知道的，將怒氣轉為笑容的「三大關鍵」

若要將顧客的怒氣轉為笑容，我通常會依照以下「三大關鍵」，階段性地思考解決對策。

1 傾聽顧客的說法，確認自己不得不做的事，以及對方的要求。
2 接著，明確告知對方自己「辦得到」和「辦不到」的事，提供解決方案。
3 除此之外，再提供顧客沒有要求、但自己做得到的部分，以及進一步想為顧客提供的服務，使對方開心。

針對第1和第2兩點，前述內容已經做過說明，這裡就省略不談了。

重要的是第3點。就算顧客沒有直接要求，自己也要主動提供出自專業而做得到的部分。面對顧客，必須抱著「**盡力**」、「**協助**」的想法和心態才行。

以下跟各位分享兩個將「盡力」和「協助」的重點，執行得非常完美的案例。這兩家公司都是我的客戶，他們都把我建議的提供顧客解決方案的方法，當成應對守則來實際運用，希望可以做為各位的參考。

專業線上預約旅行社的案例

針對顧客抱怨「我想預約○○飯店，可是已經沒有房間了」，套用前述「三大關鍵」來思考，應對方式如下。

（1）**顧客的要求**→希望可以訂到想訂的飯店房間！

（2）**辦不到的事**→房間已經全部客滿，無法再協助訂房。

辦得到的事→協助尋找鄰近尚有空房的飯店，做為替代方案。

（3）**使顧客開心的事**→雖然機率不大，不過還是直接打電話到顧客最想住的飯店，確認是否還有空房或臨時取消住房等。

以這家旅行社的做法來說，假使（2）訂不到鄰近的飯店，就算死馬當活馬醫，一定會做到（3）的應對方法，也就是直接打電話到顧客中意的飯店確認空房。

事實上，網頁上顯示的預約狀況，很多時候並非更新至最新狀態。因此，就算比較費事，為了顧客，他們也一定會親自向飯店確認訂房狀況。

倘若用電話確認了無法訂到房間，顧客也會感動於「旅行社為自己做了這麼多努力」，而感到滿意。

外資刀具製造商的案例

對於顧客抱怨「剛買的菜刀一點都不利」，以「三大關鍵」的原則來思考，依序為以下步驟。

（1）顧客的要求 → 我該不會買到瑕疵品了吧？我現在就要換貨！

（2）辦不到的事 → 已經使用過的刀子，無法提供換貨或退貨。

辦得到的事 → 透過電話，為顧客解說使刀子銳利的使用方法。

（3）使顧客開心的事 → 雖然是其他公司的商品，不過還是把獲得餐廳客戶好評的磨刀石，推薦給顧客搭配使用。

這家刀具商最常接到的客訴問題，就是新買的刀子「不好切」。由於該公司的刀具都是海外製造，使用時必須掌握一點小技巧，切東西時才會鋒利，而這也成為顧客覺得「不好切」等用不順手的原因之一。

因此，在這家刀具商的官方網站上的最新訊息一欄，提供了使刀具鋒利好切的使用方法。另外，他們也制定了「透過電話請顧客參考網頁內容，並實際為顧客解說使刀具好切的使用方法」等標準作業守則。任何一位員工接到抱怨電話時，都能做出一致的應對。

有趣的是（3）「建議顧客搭配使用其他公司的磨刀石，使刀子的銳利度維持更久」這一點。通常只要告知顧客：銀座知名壽司店「○○鮨」的主廚，也有用這款磨刀石」等額外的附加訊息，顧客都會買單。

市公所或區公所常見的不完美應對

我最近經常受邀擔任講師，針對市公所或區公所等行政機關的職員，進行客訴應對的研習講座。行政機關受限於法條上的限制，在行政作業上，有很多做不到或不能做的事。雖然可以理解這種情況和因素，不過讓人覺得遺憾的是，有不少公職人員在應對民眾時，經常會做出「辦不到」、「這是規定」、「請遵守期限」等沒有討論空間的果斷說法。

我認為，無論任何法條因素，公職人員都應該傾聽民眾的聲音，思考自己可以做些什麼。

舉例來說，對於超過期限才提出申請的民眾，二話不說就以「**申請日期到昨天就截止了，我無法受理**」的說法直接拒絕，這種做法每個人都做得到。然而，每個人受到這種對待時，恐怕都會覺得「**你領的是我的納稅錢，那是什麼態度啊！**」而感到憤怒吧。就算沒有生氣，肯定也會感到不愉快。

為了避免這種情況發生，最好還是好好傾聽民眾的聲音。

超過期限才提出申請的民眾，心裡肯定對逾期感到很焦急。他們也知道自己已經超過期限了，不過還是抱著「有沒有什麼辦法可以挽救」的心情來到這裡。說不定還是特地請假，一大早就跑來。

簡單問一下：「為什麼拖到今天才提出？」「什麼時候才想到的？」應該不難吧。這麼一來，民眾的怒氣也會平息，知道是自己的錯。

在應對者（行政機關）沒有錯的情況下，藉由花點時間好好對話，可以讓對方（民眾）瞭解自己的疏失。

如果原因是民眾忙到沒注意截止日期，或者根本就忘了，這時候最重要的不是指出對方的錯，而是和對方進行溝通，讓他重新瞭解自己的疏失，然後再和對方（民眾）一起思考「接下來該怎麼辦？」等解決辦法。

只要盡力做好能力所及的部分，奧客也會變粉絲

跟各位分享一個我自己提出客訴的經驗。有一次，我買了一個足球電玩，準備送給友人的孩子（九歲的男孩）當作生日禮物。不過，後來發現電玩出現某部分瑕疵，無法依照說明書使用，於是我向電玩公司提出客訴。

當時，我要求「這種瑕疵品讓人很困擾，請馬上替我更換新的」，對方卻告訴我這款電玩非常熱銷，全國所有店家都已經沒有庫存了。目前工廠正在趕工，最快要十天後才有辦法幫我換貨。

這樣的結果雖然讓人很遺憾，不過由於電玩公司後來所做的專業應對，讓我原本不愉快的心情，頓時深受感動。

在這個緊急事件上，該公司最後給我的回應如下，私底下告訴我沒有寫在商品使用說明書上，只有公司內部才知道的祕密電玩招數。

專業的客訴應對

「其實只要同時按住這個按鍵和方向鍵，就能超快速射門，讓守門員完全來不及反應。」

「連續按這個按鍵，就能同時移動兩名球員。」

如果無法完全依照顧客（以這個案例來說就是我）的要求提供解決方案，就以其他方法試圖彌補的企業態度，不禁令人佩服簡直就是專業的應對。這種告訴顧客「現在完全缺貨，請再稍等」的做法，每個人都會。不過，這家公司雖然無法回應顧客的要求，卻展現出為顧客全力盡己所能，令人感動的專業應對。

我也因為那一次的應對，成為該公司的忠實顧客。

身為客訴管理顧問接觸各行各業以來，我發現現在的社會**已經漸漸走向兩極化，分為謹慎看待客訴的行業，以及態度相反的行業**。

尤其是電玩公司和零食製造商、主題式休閒設施等以兒童為對象的企業，在客訴應對上，很多都做得非常好。而且，這些業界都有一個共識：

「一旦讓孩子不開心，只會換來他們的父母、爺爺、奶奶的強烈抱怨。這是無可厚非的事。是我們害他們重要的孩子或孫子不開心，所以非常能夠理解這樣的心情。不過比起這個，更重要的是安撫和事後關心孩子難過的心靈。」

針對這一點再做補充。舉例來說，如果遊樂園或休閒設施給孩子留下不愉快的感受，當這個孩子長大、自己也有了小孩之後，就會覺得：「啊，我小時候很討厭那個遊樂園，還是去別的地方玩吧。」甚至連孫子都有了，還是「不想帶孫子去那裡玩」。這等於讓顧客抱著不好的印象持續將近七、八十年的時間，永遠得不到他的再度光臨。

因此，這類型的業界在面對每一次的客訴時，都非常在意，會謹慎應對，盡可能努力扭轉顧客對自家公司的負面印象，盡力為顧客提供能力所及的服務。

以前述關於鍋子的客訴來說，讓顧客開心的應對，就是一種事後關心。例如在顧客日後再度光臨時好好問候對方，或是根據對方的傷勢送上慰問禮等，或許都是不錯的應對方法。

反駁顧客時非常有用的「反對說詞」

在應對客訴時，有什麼情況是可以反駁顧客的嗎？

反駁當然是允許的。雖然不可以否定或打斷顧客的話，不過，有時候還是必須表達自己的想法，或是必須取得對方的理解才行。

只不過，當想要反駁或提出自己的想法時，用什麼說詞做為開端，就非常重要了。

不好的應對者，經常會用的「反駁說詞」，大概有「**可是**」、「**雖然**」、「**我剛剛已經說過了**」這幾個。這些說法聽起來都像在否定顧客，可能會讓好不容易建立起來的對話關係，又回到原本的對立。

在提出反駁或自己的想法之前，有幾個希望大家可以運用的「**反對說詞**」，範例如下：

反駁前的反對說詞

「實在非常抱歉……」
「這實在非常難以啟齒……」
「如果我有說錯的話，還請您原諒……」

各位可以嘗試使用這些反對說詞，確認一下它們帶來的效果。

另外，如果各位希望自己成為一流的應對者，建議可以在反駁顧客之前，使用以下的「反對說詞」。

反駁前的一流反對說詞

「我擔心會造成您的不愉快，所以一直不敢說出口，不過事實上……」

在反駁顧客之前，先以**較長的反對說詞**為開場白，效果非常好。因為這就像在告訴顧客：「我接下來要提出反駁了，你做好心理準備了嗎？」讓顧客有時間做好反應。

根據我的經驗，反駁前的句子愈長，顧客會聽得更仔細，效果更好。請各位一定要試試看。

如何應對因為單方面的想法或誤解而造成的客訴？

應對客訴時，最常見的必須反駁顧客說法或表達自己想法的案例，就是因為顧客單方面的想法或誤解而造成的客訴。

有一項調查數據顯示，**客訴中有一至兩成的案例，都是起因於顧客單方面的想法或誤解**。例如，就算把製作得再簡單明瞭的使用說明書交到顧客手上，顧客沒有仔細閱讀就隨便使用商品或服務，然後再向店家抱怨「這個壞掉了……」。這種情況不是很常見嗎？

或者，即便在簽約時已經再三仔細說明：「到這些為止都包含在合約裡面，除了這些以外的部分，屬於額外選項，我們會再跟您報價。」後來顧客卻一臉毫不知情地抱怨：「什麼！這個還要另外收錢？什麼都要錢，煩死了！」

所以，各位一定要針對這種因為單方面的想法或誤解而造成的抱怨，學會應對的方法。

善用「退讓的說法」

面對顧客單方面的想法或誤解所造成的抱怨，有一點很重要的是，應對者**絕對不能傷害到顧客的自尊**。為此，應對者就要善用「**退讓的說法**」。這一點非常重要。

以下就跟各位分享一個我自己的經驗。這個經驗，讓我發現到「退讓」的重要性。

我曾經在東京有樂町的百貨公司，買了一整套的西裝外套和褲子、襯衫及皮帶。結帳刷卡時，我的信用卡出現錯誤訊息，無法使用。我自己馬上就發覺一定是金額超過信用卡額度的緣故。不過，當時店員卻對我說了一句充滿專業待客精神的「退讓說法」。

一流的退讓說法

「我們的刷卡機不夠完善，好像讀不到資料。很抱歉造成您的不便。方便的話，不曉得您能不能再提供其他張信用卡，或是以現金支付？」

雖然這不算是客訴應對的情況，不過，「我們的刷卡機不夠完善」這種不會傷及顧客自尊心的「退讓說法」，著實讓我上了一課。這種堪稱一流的待客「退讓說法」，也可以運用在客訴的應對上。

保險公司的案例

有客戶針對合約內容抱怨：「我不知道有這回事！」保險公司做出以下的錯

誤回應，使事態變得更棘手了。

✖錯誤的應對範例

應對者 關於這份合約的內容，都已經詳細寫明在這些資料裡了。您也已經蓋章表示同意了。

顧客 你這說話的態度是什麼意思？就算可能是我自己搞錯了，不過你的說話態度根本讓人無法接受。你把我當成什麼了！

就算顧客有單方面的想法或誤解，也不能不容分說地直指對方的不是。一旦這麼做，發現自己理虧的顧客一定會馬上轉移抱怨的焦點。

若要指出顧客單方面的想法或誤解，當然也可以。不過，接下來必須再加上「退讓的說法」，針對自己應對不周的部分道歉。

也就是說，雖然顧客有誤會，不過還是要明確地針對自己應對不周的部分做道歉。以下試舉一個正確的應對範例。

○正確的應對範例

應對者

事實上，針對您現在提到的合約內容部分，合約書的這裡都有寫明，當初也已經取得您的蓋章同意。只不過，合約內容說明得不夠清楚，沒有辦法讓您確實瞭解，這一點是我們做得不夠好。我們將會檢討今後是否有必要放大合約內容的文字。

不只要指出有單方面想法或誤解的顧客的疏失，同時也要展現「自己身為專業人士，可以做得更好」的態度。因此，不能片面地指責顧客，自己也要退讓，藉此強調「**雙方都有錯**」。這是一種主張該主張的部分，同時在該退讓的地方退一步的應對手法。

只不過，如果只是表達「自己做得不夠好」，承認自己的錯，顧客有時候就會振振有詞地跟著附和：「對呀！你要怎麼負責？」所以，這不能算是理想的應對方法。

根據我的經驗，邊主張邊退讓，既不會傷到顧客的自尊心，也能不著痕跡地提醒顧客自己單方面的想法和誤解。透過這種方法，很多顧客都會發現：「**啊，真的耶！這裡有寫！**」為自己的行為感到不太好意思。

當顧客做出這種反應之後，只要馬上回應對方：「**哪裡哪裡。不過，這件事讓我們知道，我們雙方都有必要更仔細一點。**」通常接下來就能和顧客開心對話。

我再重申一次。客訴的應對，是一種和顧客之間的「對話」。既然不是爭辯的場合，就沒有必要分出輸贏。不能為了主張自己的正當性而辯倒對方，也不能被顧客所欺。請隨時提醒自己，要抱持著**雙方「平等」**的態度，說出該說的，同時在該退讓的時候讓步。

這麼做是因為，**應對的最終目標是為了讓顧客繼續支持自己的商品和服務**。

旅行社的案例

接下來要介紹的是一件因為無法使用信用卡而引發的客訴案例。事情就發生在我一位旅行社客戶的身上。

有一回，他們收到一封客訴信，上頭寫道：「開什麼玩笑！我根本不知道我預約的旅館不能刷卡！」

當時負責應對這封客訴信的齋藤先生，對於信上「開什麼玩笑！」的說法頗為憤怒，於是來找我尋求意見。他之所以被激怒是有原因的，因為事實上，在線上預約的網頁上已經大大寫明著，該旅館現場無法使用信用卡。

於是，我將旅行社的十位客服人員全都找來，大家開了一個會議，將這封客訴信列印出來發給所有人，請大家一起來思考該怎麼回信。

我將會議的議題設定為「為什麼顧客會這麼生氣」，而不是「如何回信」。所有人開始想像事件的背景和顧客的苦衷，相繼提出非常好的意見和想法。

「說不定這位客人身上帶的錢不多。」「的確，因為飯店費用不能刷卡，付現之後，隔天的行程可能就沒有太多錢可以用了。」「而且鄉下地方的伴手禮店，很多都不能刷卡，可能連一些金額較小的消費也不能花了。」「回程開車的時候，說不定也會擔心身上沒有錢可以加油」等。

像這樣，有時候只要試著針對客訴去思考顧客的立場，就能推測出各種狀況，很快就能瞭解顧客抱怨的心情。

「在訂房網頁上已經寫明這家旅館不提供刷卡，請仔細瀏覽。」要像這樣指出顧客單方面的想法或誤解很簡單，不過，負責應對的齋藤先生意識到這一點，改用以下的方式回信給顧客。

展現退讓的一流回覆

「對於這次您使用本公司提供的服務，我們卻造成您的不便，實在非常抱歉。

細讀了您提出的信件內容之後，我們非常遺憾對您這趟充滿期待的旅行造成了不安。

我們也很擔心，會不會因為旅館無法使用信用卡，害得您在旅程中無法體驗原本期待的行程，或是無法購買伴手禮等。

（中略）

事實上，關於旅館費用的支付方法，在我們官方網站的訂房網頁上都已經寫明。對於無法讓您明確瞭解相關規定，我們深刻檢討是自己做得不夠完善（以下省略）」

這封信在回覆之後，很快就收到投訴顧客的回信如下。

「感謝您慎重其事地回信，我已經拜讀過了。網頁上的確有寫明無法使用信用卡。看來是我自己沒有仔細看清楚。我才應該感到不好意思。實在很抱歉。

事實上，在以現金付完旅館住宿費之後，我還在期待已久的當地名產店，買了不少伴手禮。因為這樣，我手邊的現金變少了。回程時，車子的油快沒了，讓我很擔心。

由於鄉下地方的加油站，有些無法使用信用卡，我邊開車邊擔心不曉得剩下的油能不能撐到可以刷卡的加油站，就這樣一路回到家。

對於貴公司的關心，我十分感謝。

不過，旅館真的非常棒，料理也很美味，每位員工都很親切。最棒的是露天溫泉的景色非常美麗！我下次一定會再透過貴公司的服務出遊。收到你們的關心，讓我非常高興（原文）」

這封信顯示了應對者和顧客之間的心意相通。後來，旅行社將這些往來的信件列印出來，當成應對客訴的最佳示範，張貼在公司客服部的公告欄上。

回頭比較這位顧客的信件內容會發現，前後兩封信之間產生了戲劇性的變化，幾乎讓人無法想像出自同一個人，可以明顯看出顧客的怒氣已轉變為笑容。簡直就是一流應對的最佳範例。

即便是自己沒有錯的情況，也不要一味地強調這一點。表現出退讓、不責難顧客的態度，就能和顧客建立起良好的正面關係。

以「神奇的說法」讓顧客轉怒為笑的完結技巧

接下來終於來到「應對客訴五大步驟」的最後一個階段——「**施展魔法**」。應對客訴最後的「**神奇的說法**」——如何結束應對，也是非常重要的關鍵。

在說明最後的神奇說法之前，我想先稍微說明一下，在應對最後絕對不能說的用法。

那就是「**道歉的說詞**」。

沒錯！以「這一次真的非常抱歉」的說法結束應對，就這樣讓顧客離開或掛上電話，並不是很恰當。

事實上，應對的最後，最好的做法是以「**感謝的說詞**」作結。

結束時的感謝說詞

「非常感謝您這一次對我們的不足所做的提點。」
「由於您的提點，讓我們發現自己做得不夠好的地方。非常感謝您。」
「對於您的告知，我們誠心向您致上謝意。」

我通常會把這些說法加以變化，用以下的方式表達。

谷式感謝說詞

「這次的事件，讓我們得以檢查是否也對其他顧客造成同樣的心情。對於您的指正，我們誠心向您致上謝意。」

不少企業都會使用「感謝您寶貴的意見」這種說法。這是從二十年前就用到現在的老套說法，我個人並不建議用來做為客訴應對的完結。關於結束時的「感謝說詞」，各位務必要多加練習，變化運用。

不過，究竟為什麼要以感謝做為應對客訴的完結，而不是道歉呢？

這是因為用道歉作結，等於從頭到尾都把提出客訴的顧客視為奧客看待。

在投訴的顧客當中，不少人都會對自己的情緒化感到後悔。既然如此，為什麼顧客還要提出抱怨呢？

因為顧客還想繼續支持該公司的商品和服務，才會抱怨。換言之，顧客的意思是，「只要改善這一點，我就會繼續支持。」

因此，應對的最後如果不是以道歉作結，而是表達致謝、感謝的心情，就能**將原本提出抱怨的顧客，變成提供建言的貴客**。

記得隨時提醒自己，對投訴的顧客表達感謝和尊敬，以此做為應對的結束。

三度致謝的法則

在執行一流應對技巧的時候，請留意必須**三度向顧客表達感謝（致謝的說法）**。分別是在提供解決方案之前取得同意時、獲得對解決方案的同意時，以及以感謝作結的時候。

只要這麼做，投訴的顧客就會變成自己的粉絲，對自己留下正面評價。

我曾說過，很多投訴的顧客在事後都會後悔自己提出抱怨。有一次，我在演講時提到這一點，臺下一位聽講的地方建設公司的社長，在會後向我說了以下的故事。

這位社長住在長野縣的山區。有一次，他對地方上唯一一家郵局的女職員的態度感到不太滿意，於是大聲說了一句：「你那是什麼態度！」

雖然如此，但其實他沒有那麼生氣。不過，由於他以前練過柔道，體型魁梧，長相也算不上溫柔，外表很容易給人壓力。因此女職員當場嚇得哭出來，不停向他道歉。

這一幕看在旁人眼裡，只覺得是一個長相可怕的大叔在欺負女職員……就連後來出面插手，像是郵局負責人的局長，也嚇得渾身顫抖，一副快要下跪似地不斷道歉。這位社長只好丟下一句：「算了！」便急忙逃也似地離開了。

「把人嚇成那副模樣，還被當成奧客，我根本不敢再去那裡了。雖然很麻煩，但是我只能暫時到鄰近村子的郵局了。」他無奈地苦笑說道。

從這個故事也可以說明，應對客訴時最好用感謝作結，而不是道歉。只要試著站在顧客的立場去想，當顧客聽到「謝謝您的提醒」等感謝的說法，肯定會覺得「慶幸自己提出意見」、「對方能夠理解自己」、「以後還會繼續給予支持」。

這些才是客訴應對的最終目標。

各位也趕緊善用「神奇的說法」，將奧客變成自己的粉絲吧。

最後，我想為各位示範利用前述「應對客訴的五大步驟」，將顧客的怒氣轉為笑容的應對方法。

讓顧客轉怒為笑的應對範例

面對面及電話應對的五大步驟
（以店員待客態度不佳為例）

❶ **有限度的道歉**

「對於這一次我們的待客方式造成您的不便，實在非常抱歉。方便請您告訴我詳細的事情經過嗎？」

❷ **展現同理心**

「原來是這樣子。」「原來有這回事。」「我清楚瞭解您的意見了。」

❸ **確認事實和顧客期望（之後的說詞）**

「對於您長久以來的支持，我們卻做出如此失禮的應對，這一部分我已經充分瞭解了。」

❹ **提出解決方案**

「接下來，我可以有話直說嗎？」
「對於您指出我們做得不夠好的部分，在此誠心向您致上歉意。我會將您的意見傳達給公司，努力提升員工的待客能力，避免相同的情況再度發生。不曉得這麼做您是否同意？」

❺ **施展魔法**

「非常感謝您這次對我們的不足所做的提點。」

讓顧客轉怒為笑的應對範例

應對客訴信的五大步驟
（以商品配送錯誤為例）

❶ **有限度的道歉**

「對於您這一次的購物，因為我們的疏失造成商品配送錯誤，給您帶來不便，實在非常抱歉。」

❷ **展現同理心**

「考量到您原本對商品的期待心情，我們深感難過。」

❸ **確認事實和顧客期望（之後的說詞）**

「關於商品配送前的確認，我們每天都會做好嚴格把關，不過仍有不足的地方。這一點我們實在羞愧難當，將會深刻反省。」

❹ **提出解決方案**

「您訂購的『〇〇〇』，方才已透過緊急宅配的方式，預計明天中午之前就會送至您府上。耽誤您寶貴的時間，希望您能諒解。

我會將這次的事件回報給公司。在此也向您承諾，我們在今後商品配送前的確認工作上，將會徹底實施雙重檢查的方式，努力提升服務。」

❺ **施展魔法**

「對於這次在商品寄送上造成您的不便，在此要再一次向您致歉。

希望今後可以繼續得到您的支持。

同時，也衷心感謝您這次的提點。」

社群網站留言的回覆範例

以下示範在推特 140 字的文字限制下，
也能回覆顧客的不滿意見。

「關於我們的應對造成您的不愉快，實在非常抱歉。拜讀您的意見之後，我們已經瞭解情況了。考量到您的心情，我們心裡無比難過。除了反省之外，我們也會將您的意見當作公司今後重新檢討作業的依據。對於您的提點，我們衷心向您致上謝意。」

第5章

扭轉重大危機的「超越一流的技法」

~分辨天使和惡魔的方法~

事態嚴重時的應對方法

在接下來這一章的內容中，為了讓各位學會超越一流的應對技巧，我將針對使用了第三、四章的「應對客訴的五大步驟」之後，情況仍然無法改善的例子，為各位說明特殊的應對方法。

應對客訴時，基本上都是依照「五大步驟」的順序來進行，不需要配合不同行業、業種或顧客的個性，改變應對的方法。至於不知該如何應對的客訴，以下我將透過客戶的案例來為各位說明。

這麼一來，應該可以提供各位一個判斷基準，知道自己該應對到什麼程度。

接到顧客抱怨「受到精神損失」的情況

關於精神損失的部分，如果已經透過應對的「五大步驟」和顧客建立起信任關係，顧客不太可能會說出這種話。不過，當顧客不滿意企業的應對時，就算提出更換商品等解決方案，顧客也不會接受，而且還會說出「你們要怎麼賠償我的精神損失」之類的話。

這種情況該怎麼應對呢？

如果草率地回應：「就算您這麼說，我們也只能提供您更換商品而已。」只會換來顧客責罵：「你們是打算讓我換東西，就要我原諒你們的意思嗎？你們根本就搞不清楚狀況。」

針對這種案例，我認為只要像下列一樣，再一次做出「**道歉說詞**」，貼近顧客的心情，以此「**回應**」就行了。

超越一流的道歉說詞

「造成您的不愉快，我們內心充滿難以言喻的歉意。」

每個人對於精神損失的感受不同，不過，對於顧客可能感受到的各種精神傷害，應對的一方也可以盡量去理解，以察覺顧客心情的「道歉說詞」回應。

接到顧客投訴「我要告你們」的情況

情緒激動的投訴顧客最常說的話之一就是：「**我要告你們！**」尤其一開始的應對如果失敗，很多時候顧客都會說出這句話。不過，千萬不能被這句話模糊了焦點。舉例來說，一旦回應顧客：「請您別這麼做。」只會讓對方的氣勢愈來愈高漲，例如：「我現在就要去找認識的律師！」

如此一來，焦點會過度集中在「要不要提告」的問題上，反而偏離了原本應該解決的問題。換句話說，論點會被轉移了焦點。

事實上，經常接到客訴的企業，現在都漸漸改以「**對於您接下來要採取的行動，我們沒有任何意見**」來回應。

不僅如此，針對類似「我要告你們」的常見說法，包括「我要去消保會投訴你們！」「我要向媒體爆料！」等，企業也會用這種方法來回應。

很遺憾的，這種說法並不對。我認為這是在輕視顧客，覺得對方一定不會去找律師或向媒體爆料，才會做出如此制式的回應，表現出一種豁出去的態度。

這種情況下，就算顧客沒有真的去找律師或消保會或向媒體爆料，也很有可能會**四處散播負面的評價**。

最近在社群網站上最常見的，針對企業留言負評的類型，就是應對者對投訴的顧客擺出豁出去、不在乎的態度。顧客因為企業不在乎的態度，感到「自己被小看」，才會透過社群網站攻擊對方。

在豁出去之前，應該還是可以有所作為的。

也就是說，**無論任何情況，都要展現同理、理解的態度**。

的確，很多顧客都並非真心要提告或爆料。不過，應對的一方一定要試著瞭解顧客憤怒和失望的心情。若要重新得到顧客的信任，不妨可以像下列一樣，試著對顧客回以「**傾聽的說詞**」。

超越一流的傾聽說詞

「我們可以體會您憤怒到想提告的心情。」

各位要隨時留意用這種「我們非常清楚您氣到這種地步的心情」的方式，接住顧客的心情。

被顧客不斷追究缺失和缺點的情況

最近的顧客在消費之前，都會先徹底研究店家提供的商品和服務，並且與其他同業比較。尤其現在有許多比價網站，每個人都能輕易得知商品價格的相關訊息。顧客和企業員工之間，幾乎已經沒有任何資訊上的落差了。

在我目前接到的客訴諮詢當中，有逐漸增加傾向的，就屬追究企業缺失和缺點類型的客訴案件了。

「其他企業都這麼做，為什麼你們做不到？」

聽到這類的顧客抱怨，不僅會讓人感到喪氣，可能也不知道該怎麼回應。事實上，你完全不需要為此垂頭喪氣或苦惱。

當顧客像這樣拿各位與其他公司相比而有所抱怨時，代表的是顧客對各位的商品和服務感興趣。換言之，顧客心裡想的是「下次也想試試看你們的商品」。因此，各位不妨試著以正面的觀點來看待，把這樣的抱怨當成是顧客在告訴自己：「只要改善這一點，下一次我就會消費。」

應對這類抱怨的方法，可以針對顧客失望的部分，展現虛心接受的態度，同時若無其事地向顧客傳達自己的優點。以下就介紹兩個關於這種回應方法的案例。這兩個案例都是實際來找我諮詢，並依照我的建議去做的例子。

顧客在裝潢公司的樣品屋抱怨：「價格太貴！」

顧客

你們的裝潢費整體來說比較貴。尤其是衛浴，比其他公司貴太多了吧！

應對者

感謝您的寶貴意見。對於我們的價格無法滿足您的預期，實在非常抱歉。或許我們的價格比較高一點，只是，我們的衛浴設備特色是除臭功能非常好，而且採用的是自動掀蓋馬桶，可以減輕對腰部造成的負擔。我們使用的是耐用的最新素材，可以讓您安心地長期使用。

家長向補習班抱怨：「孩子的成績完全沒有進步！」

顧客

老師，你是怎麼教的，我的孩子數學成績完全沒有進步！

應對者

我非常能夠理解您的心情，這的確會讓人擔心。只是，您的孩子在國語的閱讀能力和國字方面，變得非常厲害，確實正在進步當中。他上課時也愈來愈專心，我想這之後一定會反映在數學成績上。

這兩個案例的應對，共同點都是先接受對方的意見，接著再將論點轉移到自己的優點上。而且，轉移論點之前的連接詞，用的是語氣比較委婉的「**只是**」，而不是「但是」或「雖然」等強硬否定的說法。如此一來，對方也會比較容易接受應對者的說法。

話說回來，這世上根本就沒有完美的商品和服務。

無論哪一家企業都有優缺點，也有像前述補習班的例子一樣，需要時間才能看出解決問題的能力和成果的服務。各位一定要學會，無論任何時候，都不要只把焦點放在自己的缺點上，而是要把話題的焦點轉移到自己的優點或已經改善的部分。

事先決定好要應對到什麼程度

到目前為止，我已經針對讓顧客轉怒為笑的方法，以及將奧客變為忠實顧客的應對方法做了說明。不過有些時候，應對的一方必須很遺憾地中止應對，或是拒絕顧客的要求。

接下來，我想針對這種情況採取的堅決態度做說明。

經常見於年長者，抱怨內容太冗長的情況

我的客戶經常會問到的問題之一，是關於老一輩的顧客提出的客訴。

在接到年長者的客訴電話等抱怨時，一開始會以為是客訴而認真傾聽，不過很多時候會發現，對方只是不斷說著一些無關緊要的內容，或是與商品和服務沒有關係的個人話題。

類似這種案例，只要以同理的態度傾聽差不多三分鐘左右，幾乎就能判定內

容和客訴毫無相關。我也經手過這種案例，這種情況最讓人困擾的，是不知道究竟該應對到什麼程度。

我認為最好的方法，就是透過下列的說法，將話題導回正軌。

超越一流的打斷說法

「不好意思，我想再一次請教，請問您有什麼事要告訴我們的嗎？」

只有在面對這類案例時，應對者可以打斷顧客說話也無妨。

假使這麼問之後，對方還是沒有說出抱怨的內容，不妨利用下列的方式，對顧客表達遺憾。

超越一流的中止說法

「實在非常抱歉，不過由於還有其他客人在等……」
「現在有其他客人正在等待，在這裡就先向您說聲抱歉。」

說完之後，就盡速結束話題，主動掛上電話。

在市公所或區公所等行政機關，經常會遇到民眾針對國家或政治話題大發言論。這種情況也可以用以下方式中止應對。

超越一流的中止說法

「實在非常抱歉，針對您提出的內容，我們無法做任何回應，請容我掛上電話，謝謝！」

原本是想透過應對來與顧客建立良好的關係，不過，如果經判斷是不需要聽的內容，最好在十分鐘以內結束應對。

過去我在客服中心時，曾經接到一通六十幾歲的女性打電話來表示：「你們客服中心的人員態度不佳。」不僅如此，她還自顧自地不斷質問：「你們負責人是誰？」「客服人員都是怎麼訓練的？」「訓練時間有多久？」「訓練時用的是什麼教材？講師是誰？」等。

當時的應對人員不知該如何回應，於是來找我商量。我接過電話，用以下方式回應對方。

超越一流的中止說法

「對於我們的客服人員無法滿足您的需求，實在非常抱歉。我想再一次請教您，有什麼需要我們協助的嗎？」

一問之下才知道，這位女性以前任職於某珠寶銷售公司，據說工作內容就是待客講師。她很生氣地告訴我們，「我現在已經退休了，沒有工作。你們應該請我當你們客服中心的講師才對。」（笑）

將事實和對方的期望確認清楚之後，我對她提出解決方案：「請您將履歷表和職務經歷書寄給我。不知道這樣您是否滿意？」說完便掛上電話。

後來，針對她寄來的資料，我將一封寫著「經過嚴格評估，我們決定暫緩錄取」等書面審查沒通過的通知信函做為答覆，回信給她。

其他常見於老一輩顧客的特徵，還包括由於每天空閒的時間很多，不少人在投訴之前都會先做足功課。甚至有愈來愈多人會事先上網查清楚企業的經營理念和董事長的名字、組織架構等資料，然後才打電話投訴。

最近還有一個在全日本出沒的知名奧客大叔，他總是先冷靜地問對方：「你們公司的經營理念是什麼？」一旦應對者不知所措、答不出來，他就會瞬間暴怒：「連這個都不知道，虧你還是這家公司的員工！」（笑）所以，公司經營理念這一類的問題，各位最好還是要能確實回答才行。

顧客不同意解決方案的情況

在第四章介紹的「應對客訴的五大步驟」當中，曾經提到應對者必須針對提出的解決方案，取得顧客的同意。

不過很遺憾的是，各位也必須事先假設顧客不同意你提出的解決方案的情況。解決方案無法獲得顧客同意時，可以提出替代方案來應對。

但是，從事客訴管理顧問這個工作以來，我瞭解到一個事實是，大多數情況下，幾乎都很難再提出替代方案。進一步來說，我發現假使有替代方案，最好一開始就同時提出來。

也就是說，最好一開始就同時提出兩個方案給顧客選擇，而不是採取一開始的解決方案不被接受的話，再提出另一個方案等討價還價的做法。

我再重申一次。應對客訴的解決方案，大多數情況都沒有替代方案。當應對者只能提出一個解決方案時，唯一的辦法就是讓顧客接受這個方案。那麼該怎麼做呢？

有一個我自己常用，也是全國各大企業組織採用的方法。

那就是「**針對解決方案三度說明**」。

透過三次的說明，讓顧客瞭解這是唯一的解決辦法。

尤其針對常見的客訴問題，建議最好事先準備各種說明的方法。例如下列方式，針對同樣一個結論，表現方法卻不同。

第 1 次：先簡單明瞭地告知對方

提出解決方案時，重點在於**簡單明瞭地為顧客說明內容**。

在第一次提出解決方案時，最大的前提是，必須**避免使用專有名詞或外文**。很多對應對者來說習以為常的說法，其實顧客完全聽不懂。

舉例來說，我曾經看過市公所的櫃檯人員，在要求上了年紀的民眾提出可辨識個人身分的文件時，用的說法是「這會造成compliance的問題，所以請您配合」。對於不知道「compliance」的民眾來說，根本聽不懂櫃檯人員的意思，使得雙方的對話完全沒有交集。

若要說得簡單明瞭，必須以小孩子聽得懂的方式為基準。具體來說，建議可以**用小學高年級生也聽得懂的方式來簡單說明**。

第2次：告知背景和根據

假設第一次的說明無法獲得顧客的接受，請在第二次說明時「**告知背景和根據**」。這裡指的「**背景**」，就像顧客的抱怨有其來龍去脈一樣，應對者提出的解決方案，也有「為什麼要提出這種方法」的苦衷等背景因素。各位必須針對這一點向顧客說明，以獲得理解。

另一個是「**根據**」。在前面第二章提到，我曾經因為店家換鞋跟需要花兩週時間的理由是「公司規定……」而暴怒。此事件後來由一位像是店長的男性出面說明修理要花兩週時間的根據，才平息我的怒氣。所以在提出解決方案時，向顧客好好說明為什麼這麼做，也很重要。

第3次：告知過去的案例

最後「**告知過去的案例**」，同樣也非常重要。

所謂「告知過去的案例」，是告訴顧客，以前發生類似客訴時，公司採取的應對方法等過去的經驗。

很遺憾地，無論任何企業一定都會有無法避免的客訴。面對這些客訴，**絕對不能因為應對者或時間點不同，就改變應對方式**。這樣才能讓提出相同抱怨的其他顧客知道，無論任何時候，公司每一次都會採取同樣的應對方式。

顧客為什麼抱怨個不停？

可惜的是，有些顧客就是會一直抱怨個不停，試圖讓店家接受自己的要求。這種顧客的特徵是，**他們打算藉由不斷抱怨，讓事情如願以償**。這種「只要不斷糾纏，總會有辦法」的心態，就是抱怨的真正目的。

面對這樣的顧客，應對的一方必須透過讓對方知道過去的案例，明確地說明無論如何結論都不會改變。

根據我的經驗，不停抱怨糾纏的顧客，一旦知道繼續抱怨也不會改變結果時，幾乎都會知道自己是在浪費時間而放棄。

很遺憾地，在結束應對之後，有些不斷糾纏的顧客可能會在離開前撂狠話。面對這種情況時，你不需要在意。

原本最理想的狀態是獲得顧客的接受，事情圓滿解決。如果說究竟要應對到什麼程度，就是即便無法如顧客要求，也要對顧客三度說明，盡到應對者應該做到的「**解釋的責任**」。

我過去的失敗經驗是，我以為對於不斷抱怨糾纏的顧客，與其花多一點時間應對，不如早早打發對方才妥當，於是在不得已之下，答應了對方的要求。然而，卻很少有顧客會因此感到滿意，反而不斷挖苦我：「既然同意，幹嘛不一開始就答應？」

近年來不斷發生的許多案例，都是因為企業和政治人物在發生醜聞時，沒有盡到解釋的責任，最後使得名聲墜入谷底或被迫下臺。應對客訴也是一樣，請各位一定要確實盡到解釋的責任。

這才是真正超越一流的應對！

Part 1

有一位衣物清潔公司的部長，他在聽過我的研習講座之後，將我提到的「三度對顧客說明解決方案」做法，落實得非常完美。以下就為各位介紹他超越一流的應對案例。

這是一個來自四十幾歲的女顧客抱怨「我寶貴的外套在送洗之後縮水了，你們要怎麼賠償我！」的案例。

對洗衣業來說，據說最常見的客訴，就是送洗之後衣物狀態相關的問題。尤其是關於「衣服縮水」的抱怨。其實衣服根本沒有縮水，不過要讓顧客瞭解這一點，非常困難。這可以說是洗衣業最難應對的客訴問題。

這位部長在收走顧客外套的幾天後，做好「三度說明解決方案」的準備，親自到顧客家拜訪。他先重新針對造成顧客時間上的浪費進行道歉，接著透過以下的說明，完美成功地和顧客取得圓滿的解決。

簡單明瞭地告知對方

「我在這個業界已經服務二十多年了，學習到非常多關於衣物的知識。一般外套很少會因為清洗而變形，整件布料或縫線縮水這種事，老實說也不可能會發生。」

告知背景和根據

「不過，由於還是可能會發生變形的情況，因此我們將您的外套送回原本的製衣廠，請他們進行測量。結果證實，衣服確實沒有縮水或變形的情況」

告知過去的案例

「事實上，過去我們也曾經接過其他顧客提出一樣的問題。不過從來沒有發生衣服縮水的情況。只是，由於顧客會提出這方面的疑問，所以我們的員工都會更加小心地對待衣物。製衣廠也表示，『很高興看到我們的衣服受到顧客如此寶貴的對待。』關於這一次的問題，不曉得您是否滿意？」

事實上，在接到顧客的抱怨時，他當場就想告訴對方：「那是因為您變胖的關係。」（笑）不過身為專業人士，他還是做到了「三度說明解決方案」。

最後顧客也接受他的說明，甚至表示：「造成你們這麼多麻煩，我才應該感到抱歉。聽完您親自詳細說明，我已經瞭解了。真是麻煩你了。」然後開心地領回外套。

說明了三次，顧客還是無法接受的情況

經常有人問我：「如果已經針對解決方案說明了三次，還是沒有辦法得到顧客的理解，該怎麼辦？」「有沒有什麼辦法，可以維持和顧客之間的談判不會破局，雙方在友好關係下順利解決客訴？」

對於這些問題，我建議可以運用下列的說法，做為無法滿足顧客要求時的最後應對說詞。

客訴應對的最後說詞

「對於您的意見，敝公司十分重視。我們也非常想盡力提供您協助。只是，這一次很遺憾無法順應您的期望，實在非常抱歉。」

透過這種說法，清楚告知顧客：「對我們來說，已經沒有比這更好的方法了。」藉由刻意使用「**敝公司**」、「**我們**」等做為主詞，可以讓顧客知道這是**以組織來說**的最終決定。

這是當解決方案無法獲得顧客接受時，最後的應對說詞。客訴的應對也是一種談判，應對的一方只要盡到解釋的責任，明確告知「辦得到」和「辦不到」的事，並婉拒除此以外的要求就行了。但是請別忘了，直到最後都要展現貼近對方心情的態度，千萬不可以斷然拒絕。

另外，在結束客訴電話時也是一樣，最後清楚報上自己的姓名，然後致上歉意。如果是面對面的應對場合，別忘了要陪顧客一起走到店門口，目送顧客離開。直到最後，都要對顧客以禮相對。

看不懂客訴信，就改用電話應對

接到客訴電子郵件時，不一定非要以信件來應對不可。

在第三章曾提到，如果看不懂顧客在社群網站上留言抱怨的主旨，可以留下自己的聯絡方式，請對方「告知詳情」。同樣地，面對客訴信，假使對內容不清楚，建議可以改用電話來應對。

面對客訴信時，必須瞭解文章內容。要確實掌握信中的抱怨內容，才能做出精確的回覆。不過很多時候，光從顧客寄來的信件文章，實在讓人看不懂意思。如果和社群網站一樣隨意回覆，可以想像有時反而會激怒顧客，認為：「我又不是這個意思！」

以前我曾經手過一則餐飲店的客訴案例，顧客沒有留下任何名字或聯絡方式，只是寄來一封寫著以下內容的客訴信。

「開什麼玩笑！美食網站上那些一致好評的評語，根本就是你們自己寫的吧！」

從這封信中，確實能感受到顧客的憤怒，不過，從這樣的內容根本看不出發生了什麼事，也不清楚這究竟是不是在店裡用餐的顧客的意見。

應對客訴信最大的缺點是，必須和顧客不斷來回寫信。這對顧客和應對者來說都只會更累而已。

一方面為了不占用顧客的寶貴時間，另一方面也是為了讓應對可以一次結束，不妨試著先透過電子信件，用以下方式回覆對方。

從信件轉為電話應對的說法

「非常感謝您的來信。從您的信中，我們已經明確感受到您憤怒的心情。我們希望接下來可以主動聯絡您，進一步詳細瞭解事情經過。很抱歉造成您的麻煩，不過如果可以請您告知大名、聯絡電話，以及方便的時間，我們將會主動和您聯繫。百忙之中造成您的不便，實在非常抱歉。在此衷心等待您的回覆。」

用這種方式回信之後，如果真的和顧客取得聯絡，通上電話，就能瞭解顧客抱怨的理由。

假設對方沒有回覆聯絡方式，就可判定對方只是純粹抱著找碴的心態提出抱怨，可能只是為了排解壓力，才寄了這麼一封客訴信。

根據我的經驗，假設有十則這種主旨不明的客訴信，以前述的方式回覆之後，大概只會收到兩則回覆聯絡方式。針對這兩則客訴，請務必要確實應對。

超越一流人士的，辨識好壞客訴的方法

辨識無理奧客的方法

若要做到超越一流的應對，必須要能**辨識客訴的立意是好是壞**，而且還要知道怎麼應對。

前面的內容一直都是以「**投訴的顧客都是對的**」為前提，為各位說明讓顧客轉怒為笑的方法。基本上都是以圓滿解決為目標，傳授讓顧客在應對之後成為自

己的忠實顧客，以及把顧客的抱怨當成建議，從中獲得學習，進而改變作業方式的方法。

很遺憾的是，這個社會也存在著一些會造成店家困擾的「**惡質客訴**」。在接下來的內容中，我想跟各位說明如何辨識惡質的客訴，以及用堅決的態度面對這類客訴的方法。

我對於好壞客訴的定義標準之一是，「不遵守規則的顧客」就是惡質的奧客，不需要理會。也可以解釋為，只對自己覺得值得重視的顧客做出應對。

有些客訴內容，怎麼想都會讓人覺得帶有惡意。應對這種客訴，最後只會換來疲憊。我自己也有類似經驗，事後彷彿全身精力被吞噬，空留一身的徒勞感。

面對這類客訴時，企業和應對者必須事先清楚要應對到什麼程度，又該對哪些客訴採取堅決的態度。

若沒有事先確立這些項目，將會影響到公司和整體組織的工作士氣，由此可見事先決定判斷標準的重要性。

我在針對經營者舉辦的演講座談上都會提到，在確立這些規則時，必須站在保護員工的立場。而且最重要的是，比起少部分不遵守規則的惡質奧客，必須優先重視遵守規則的顧客。

遺憾的是，不是每個顧客都是神。仔細辨識其中好壞，才是超越一流的應對技巧。

那麼，可以假設哪些人是不遵守規則的惡質奧客呢？

基本上就是那些無法溝通，或是無法建立關係的人。

「主張的內容沒有邏輯、語意不清，不知道在說什麼」、「自己講自己的，完全不聽應對者說話（單方面地表達意見，不聽他人的想法）」等。說一句不怕被誤解的話，這些情況都可以判定對方有個性上的問題。

根據我的經驗，因為自己的家庭問題，或是對自己的社會地位有疑問或不滿，進而將這股憤怒發洩在應對者身上的顧客，都可以算是惡質的奧客。

和這種顧客溝通時，恐怕從頭到尾都不會有交集。一旦判定對方是這種無法建立關係的人，可以的話，最好盡早將電話或面對面的應對，轉為「**書面應對**」的方式。

停止應對會給自己帶來負面影響的顧客

我自己曾經在任職客服中心時吃過類似的苦頭。當時有一位五十幾歲的男顧客，每兩個月就會出遊一次，每次都是透過我們公司的訂房服務安排住宿，是公司非常重視的常客。

但是，每當他出遊回來之後，隔天一定會打電話來公司的客服中心，不停抱怨自己住的旅館。不僅如此，他還會不斷批評我們公司的制度，甚至對客服人員進行人身攻擊，最後吵著要找主管。一旦我接過電話，他就會開始不斷提出：「叫剛剛那個客服人員回家吃自己！」等無理的要求。

根據我的判斷，認為即便冷靜來看，他抱怨的內容也全是起因於自己的偏見，不過是在發洩自己的不滿和壓力而已。

最後，我認定他不是公司日後應該繼續保持往來的顧客。於是幾天之後，我主動跟他約好時間，連同公司法務負責人，一起在離他家最近的車站附近的咖啡店見面。

對方可能以為我們要向他表達歉意，說一些「感謝您長久以來的支持。對於每次都造成您的不便，實在非常抱歉」之類的話。

不過，一到咖啡店，我便面無表情地用公事公辦的語氣，態度堅決地劈頭說了以下的話。

「今天來打擾您，其實是有事想拜託您。實在非常抱歉，不過請您今後不要再使用敝公司的訂房服務了。我再清楚重申一次，您的支持對敝公司來說是個麻煩，讓我們十分困擾。」

從他的表情可以知道，這意料之外的一段話，讓他完全被嚇壞了。隨即，他又開始激動地抱怨之前住過的旅館和客服人員。我當場立刻打斷他的話，告訴他：「今後如果有什麼指教，請不要再打電話，寫信寄到這個客服中心的地址給我就好。」然後留下名片，轉身就離開。

後來，這位顧客再也沒有使用我們的訂房服務。不過，我至今仍然覺得當初做的判斷一點都沒錯。

對於明顯為自己的工作帶來負面影響的顧客，最後的方法就是請對方離開。這個觀念非常重要，請各位務必要做為參考。

對於激動顧客的應對方法

有些投訴的顧客會從一開始就非常激動，不斷地爆粗口。如果是應對技巧不夠成熟、經驗不多的人，甚至會被嚇得腦子一片空白，完全說不出話來。

對於在店裡爆粗口的顧客，有些應對者很自然地會試圖安撫對方，例如：「請冷靜下來，您這樣會造成其他客人的困擾。」不過，這種做法等於是在命令對方要冷靜，並不恰當。有時候甚至會讓對方變得更激動而大爆粗口。

面對這種語氣強硬的顧客，難免都會害怕對方是不是惡質的奧客。

這種時候，該如何應對才好呢？

假使激動的顧客大爆粗口、讓人心生恐懼，請各位利用以下的方式，把自己的感覺老實告訴對方。

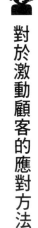

面對激動顧客的應對方法

「您的態度讓人感到害怕，不知如何回應……」

說完之後，你可以保持沉默。

當你被對方嚇到腦子一片空白時，只要老實地把這種感覺告訴對方就好了。這並不是什麼應對技巧。如果各位是主管階級，在第一線應對客訴的下屬經驗又不足，不妨就教下屬這麼告知顧客。

那麼，用這種方式回應顧客之後，原本不停怒罵的顧客會有什麼反應呢？

首先，大部分的情況下，顧客都會感到驚慌、不知所措，急著解釋：「不是的，我沒有要嚇你的意思。我不是奧客（汗）……」想辦法收拾殘局。接著，他會突然變得冷靜，開始像大人一樣成熟地對話。這種情況我自己經歷過好幾次，也看多了。

這種情況和心理學有關，不少提出抱怨的顧客，都會覺得自己是受害者，例如「（害我遇到這種事）你們打算怎麼辦」。當被害意識愈強烈，就會愈希望對方能夠理解自己的心情，於是忍不住激動地大聲說話，或是無法克制地大爆粗口。

一旦對方發現自己激動地大聲抱怨，害得眼前出面應對的人不禁害怕，自己不知不覺從被害者變成加害者時，就會感到慌張，所以對方會開始冷靜下來，試圖想收拾眼前的殘局。

我再說一遍。**要是覺得害怕，就老實把這種感覺告訴顧客，不需要什麼應對技巧**。

辨識惡質奧客的方法

前面提到可以把自己害怕的心情，告訴眼前的激動顧客。不過，並不是所有顧客都會因此變得冷靜。

事實上，有極少部分的顧客別說是變冷靜了，甚至會更激動地不停飆罵。沒錯，這種顧客才是讓人棘手的、**真正惡質的奧客**。

惡質的奧客並不是基於「希望對方理解自己的心情」或「希望可以解決自己遇到的問題」等原因，才提出抱怨。

對這種顧客來說，抱怨本身就是他的目的，最終目標就是要讓應對者感到害怕，妨礙對方作業。

因此，前述提到的所有應對方法，這時候全都不管用。因為無論你怎麼做，都不可能讓這種顧客轉怒為笑。況且這種惡質的奧客，根本從來沒有想過只要店家改善，自己就會繼續給予支持。

這種時候，必須**從客訴應對轉變為企業危機處理才行**。

接觸過這麼多企業的客訴問題之後，我發現真正遇到惡質奧客的機率，一百件客訴案件當中，只有一件不到的發生率。也就是百分之一以下的機率。

經常有人會問我，什麼關鍵才能判斷對方是惡質的奧客？什麼時間點應該提高警覺？以結論來說，這些並沒有正確答案。

我會建議，應該由企業或應對者主動擬定相關方針，訂立「惡質奧客」的判斷標準。

也就是說，一般顧客和惡質奧客的界線，最好由企業自己來決定。

舉例來說，可以透過惡質的說詞（對應對者爆粗口、強迫磕頭道歉）、應對時間過長（不肯掛上電話、賴著不走），或是無理的金錢要求等來做判斷。

換言之，企業和組織必須明確制定相關規範，用來判斷什麼程度屬於惡質客訴。

一旦遇到違反規範的顧客，就必須遵照規範，從客訴的應對轉變為「危機處理」，以堅決的態度結束應對。

我再重申一遍。**不是所有顧客都是神或天使，其中也存在著惡魔**。若要達到超越一流的應對，一定要學會辨識的方法。

惡質客訴的類型和處理方法

惡質的客訴大概可以分為兩種類型。以下就為各位說明這兩種客訴的特徵，以及應對的方法。

發洩壓力型的惡質客訴

「混蛋！」「你這王八蛋！」「你是笨蛋嗎！」「連這個都不知道，你是豬啊！」……

藉著以上這些，以及其他更多不便在這裡寫出來的不當說詞大聲咆哮，對應對者個人直接進行負面情緒的傷害。

這類型的奧客並不是為了讓對方瞭解自己的想法，抱怨就是他們最大的目的。因此，在他們的抱怨當中，找不到任何有用的意見，只是不斷在發洩負面情緒而已。

你無法和這種人建立任何關係，所以也不需要做出讓步。你根本不可能把這種帶著惡意的奧客，變成自己的忠實顧客。

以應對方法來說，只要對方爆粗口，或是出現任何詆毀對應對者外貌或個性的言詞，就可以判定為惡質的奧客，以堅決的態度結束應對。

針對發洩壓力型的惡質客訴的應對方法

惡質奧客

混蛋！連這種問題都回答不出來，你是笨蛋嗎？

應對者

我非常能夠理解您憤怒到爆粗口的心情。只是，假使您再繼續用這種污衊的言詞對我個人爆粗口，我也無法再繼續對您做出應對了。您請回吧！

如果對方仍繼續大聲咆哮，或是打算賴著不走，可以用以下方式停止應對。

應對者

您已經嚇到其他顧客了，今天就請回吧。等您冷靜下來之後，再將您的意見告訴我們。

若對方一副不願離開、只想抱怨的態度，很明顯地已經屬於妨礙業務的行為，那麼你不妨故作鎮定地用公事公辦的語氣告知對方：**「我們無法再繼續對您做出應對。」「您請回吧！」「我們先告退了。」**

提出缺乏常識或無理要求的惡質客訴

「我是客人耶！這點要求，你們應該做得到吧！」

像這種認為「顧客是店家的神」的顧客，說句明白話，根本就不是什麼神。更進一步來說，**「顧客是神」這句話，應該是企業的臺詞，不是顧客該說的話**。

以顧客的身分自以為是、提出無理要求的人，可以判定就是惡質的奧客，必須採取堅決的態度應對。

我一再重申，客訴的應對是一種人與人之間的溝通。我在第四章也提到，在應對客訴的過程中，和顧客之間的關係，最好要保持「對等」。

不過，對於自顧自地不斷抱怨、完全不聽應對者說話，或是只會隨便以缺乏常識的主觀想法，提出無理要求的對象，就必須判定雙方無法建立良好關係而停止應對。

你不需要跟每一位顧客都打好關係。

特別是對方提出抱怨而要求金錢賠償的情況，可以推想他的目的只是錢而已。對於這種惡質的奧客，請各位要像下列範例一樣，勇敢堅決地拒絕對方。

針對提出缺乏常識或無理要求的惡質客訴的應對範例

惡質奧客 我今天是特地請假來辦手續的。你們要賠償我到這裡的交通費和一天的薪水。

應對者 **非常抱歉，針對個人的狀況，我們不提供任何應對措施。**

如果對方不太正常、無法溝通，偏激地繼續自顧自地不斷抱怨，這時候請透過以下方式立刻停止應對。

應對者 **我們已經將結論告訴您了，如果您打算賴著不走，我們就要報警了。**

假使對方不斷糾纏、吵著要金錢賠償，請毫不猶豫地展現要報警的態度，馬上停止應對。面對這種奧客，無論再怎麼說明，雙方的對話都不會有交集，只能不得不停止應對。

另外，有一些既不是惡質客訴，也不是妨礙業務的情況。在我最近經常接到的企業客訴諮詢案件當中，發現有愈來愈多高齡或身障者的家屬會提出「希望可以多留意」、「希望可以給我們特別待遇」等幾近無理的要求。

我不會批評提出這種要求的家的屬心情，不過面對這種情況時，我認為最好還是要堅決拒絕對方，例如：「我們當然會注意，不過恐怕無法提供特別的待遇。」讓對方知道自己會留意，但絕對不會有差別待遇，對每個顧客都會採取一致的應對。

以上為各位說明了針對惡質客訴應該採取堅決的態度停止應對。

停止回應顧客是相當遺憾的做法，不過，與其浪費時間用消極的方式去回應看不到結果的惡質客訴，各位不妨將心力放在維繫自己和重視的顧客之間的關係。

盡早把意見多的顧客變成自己的粉絲

每個企業都經常遇到一個問題：顧客的意見好多，讓人覺得好煩。

甚至有些企業的客服主管會覺得：「那個客人為什麼老是對我們有那麼多意見？這麼討厭我們公司，不會乾脆找別家就好……」

會說這種話的人，根本不瞭解顧客的心理。沒錯，正因為對方是長久支持你們公司，才會抱怨。因為對方還想繼續給予支持，才會嫌東嫌西。

以下是我從認識的攝影師朋友那裡聽來的故事。這位攝影師二十多年來都只使用同一個品牌的相機，不過，他似乎經常對該品牌提出自己的不滿。

他向對方要求：「事到如今，我已經不想再換其他品牌的相機了。我就是喜歡你們的產品，所以其他品牌有做的，你們也要給我做到！」

「不要輸給競爭對手！」「他牌相機的最新功能很不錯，你們也要快點跟進！」「給我再加油一點！」他總是像這樣打電話到相機公司抱怨。

一般人都會單純地認為：既然如此，他大可去買其他品牌的相機就好。不過，他就是鍾情於這個品牌的產品。

每一家公司或店家，一定都會遇到這種意見很多的顧客。既然如此，不妨用積極的態度面對，把這種顧客當成是會細心提醒自己的，貼心、難得的客人來對待。

對於這種顧客，可以投以感謝的說法，例如：「感謝您的長久愛用。」很多時候，因為這樣簡單的一句「**長久愛用……**」，就能加深和顧客之間的關係。只要做到這一點，對方就會成為忠實的愛用者。

從此以後，無關價格高低，更超越了功能完備等優點的考量，對方只是因為喜歡品牌、喜歡這家公司，就會不斷買單。面對意見多的顧客，各位務必要真心以對，盡早把對方變成自己的粉絲。

主動察覺顧客希望自己為他做什麼

在一家我曾經以講師身分舉辦研習講座的醫院裡，有一位總是喜歡對醫院嫌東嫌西的病患。醫院問我：「這位病患老是氣護理師沒有隨叫隨到。我們到底該怎麼應對才好？」

最理想的解決辦法，就是調整醫院體制，增派人手，以因應這位病患隨叫隨到的要求。不過醫院如果辦得到這一點，我想他們早就做了。

面對這種「為什麼沒有隨叫隨到！」的抱怨，最危險的應對方式是答應對方：「我們會馬上妥善安排，避免同樣的事情再發生。」一旦這麼承諾，下一回只要沒有隨叫隨到，可想而知對方一定會更生氣，例如：「又拖這麼久才來！你們在做什麼！」

像這種一點小問題就抱怨連連的顧客，究竟為什麼要這麼做呢？為什麼總是要把自己的方便，強加在他人身上呢？

其實是因為寂寞，因為想得到關照。

包括這位病患也是，面對這種動不動就抱怨的顧客，很多時候應對的一方（醫院）都會小心翼翼地刻意保持距離。**這種逃避囉嗦顧客的行為本身，就構成了顧客抱怨的主因**。

後來，對於如何應對動不動就抱怨的病患，我建議該醫院的所有護理師，大家一起針對「怎麼做才能讓病患滿意」進行討論。另外，也請大家一起思考如何對病患做積極的溝通。在這場討論中，護理師們有了以下的想法交流。

「為什麼患者要在半夜按鈴呼叫護理師？」

「會不會是因為咳個不停，所以感到擔心？」

「如果是這樣，最重要的應該是和他溝通，讓他不再擔心吧？」

經過這場討論後，據說他們建議病患在睡前漱口，以避免咳嗽發生。另外，只要呼叫鈴一響，他們就會前往查看，讓病患喝點水。

後來，這位病患變得不再抱怨，也愈來愈會和護理師談笑閒聊了。

像這樣**只要主動察覺顧客（以這個案例來說是病患）希望自己為他做什麼，開啟簡單的溝通橋樑，就能減少抱怨的發生**。

據說後來這位病患在出院時，還很開心地一一向每位護理師鞠躬道謝，感謝大家的照顧。

讓顧客開心，就不會有抱怨

有些時候，客訴的起因是因為一些自己覺得「麻煩」而省略沒做的事。不要只想著提高工作效率，**只要花一點工夫，就可以增加顧客的笑容。付出少許的努力，就能大幅改進服務的品質**。

接下來就為各位介紹幾個案例，讓大家瞭解哪些是能讓顧客開心的服務。

以前我到沖繩演講時造訪的某家度假飯店，他們無微不至的貼心服務，讓我大受感動。

在演講開始之前，主辦單位告知，他們替我在餐廳的自助吧訂了午餐。當時我的目標是該餐廳最受歡迎的美味厚切牛排。

我一開始就往牛排區走去，那裡已經有一塊煎好的牛排放在餐檯上了。正當我要挾的時候，裡頭的廚師告訴我：「請您再稍等一會兒，馬上就有剛煎好的牛排了。」我聽了非常開心，因為這貼心的提醒，讓我嚐到了剛煎好的、熱騰騰的美味牛排。

在午餐過後的演講中，我利用一開始的開場閒聊，提到剛才主廚貼心周到的服務，熱情地和臺下聽眾分享這家飯店的美好。有時候像這樣花點小工夫的貼心，可能就會意外成為好口碑流傳的契機。

再說一個同樣讓我感到開心的經驗。

前陣子，我把電腦送回原廠更換電池。過了幾天，原廠的維修中心來電問我：「平時螢幕畫面會不會看不清楚？」我告訴對方：「好像有一點。」幾天之後，送回來的電腦不但更換了電池，連顯示器也換新了。

不僅如此，包括鍵盤在內的整個外殼，也都全部更新，整臺就像全新的一樣送回來。他們甚至還把我原本貼在外殼上的「黃色笑臉」（Smiley Face）貼紙，謹慎完好地撕下來，再貼回新的外殼上。

在和電腦一併寄回來的維修報價單上，負責人員仔細地親筆寫著：「感謝您如此重視我們的產品。由於您的電腦目前尚在保固期內，因此所有維修概不收費，請您放心。接下來還請您多多給予支持。」我想，這已經不是客訴的應對了，根本是超越一流的服務。

話說回來，各位知道有個以東京都板橋區為主要活動中心的摔角團體，名叫「板橋摔角擂臺」（いたばしプロレスリング）嗎？

他們是一群以「讓板橋當地充滿活力和笑容！」為口號，為了開發地方、活化當地商店街為目標而奮鬥的摔角選手。

這個決心「透過笑容的連鎖效應，讓地方充滿笑容和活力！」的團體的代表人物「Hayate 選手」，主導著團體的一切營運，一心希望可以讓大家開心，展露笑容。

在和他聊天的過程中，完全感受不到他有任何一絲希望自己比其他摔角團體更受歡迎，或是想藉此吸引觀眾，為自己賺更多錢的想法。當然，也從來沒有聽他說過類似的話。

這個團體**始終秉持著讓來看比賽的觀眾開心的態度**。為了讓大家看了比賽之後展露笑容，可以用愉悅的心情面對隔天的努力，他們每個人都在擂臺上全力奮鬥。而實際上看完比賽的全場觀眾，確實都會帶著笑容離開。

我自己看過他們的好幾場比賽。每次看著比賽時，我總是會思考，自己是否也帶給大家這麼多笑容。

我從他們身上還學習到一點——**自己是否認真努力，顧客全都看在眼裡**。對於認真努力的人，或是已經用盡全力卻依舊努力不放棄的人，誰都不會有任何抱怨。換言之就是不會發生客訴。

做事偷懶、投機取巧的人，自然會發生客訴。

他們努力的身影讓我驚覺，**對於那些並非做不到，而是偷懶不做的工作態度，客訴將會一步步悄悄靠近。**

常客會抱怨，忠實顧客不會

「常客和忠實顧客有什麼不同？」對此，各位可以馬上回答得出來嗎？

常客存在的連帶條件是「商品」和「服務」。因為對商品和服務有需求，所以經常消費。

另一方面，**忠實顧客存在的連帶條件則是「人」**。例如：「我喜歡那家店的那個店員！」「那家公司的那位業務員非常優秀，所以我都找他」等。

也就是說，只要讓顧客產生「我喜歡這個人！」的念頭，就會成為自己的忠實顧客。

從客訴來看也可以知道一個事實，那就是，**常客最常提出客訴**。這是因為他們覺得「這很重要」、「我還想繼續支持」，如果同樣的情況再發生，自己會很困擾，因此才提出客訴。

不過相對於此，忠實顧客就沒有任何抱怨。因為他們已經成為「人」的死忠粉絲了。既然如此，要怎麼做，顧客才會變成忠實顧客呢？

答案很簡單，**只要讓顧客覺得你願意「瞭解」他，他就會成為你的死忠粉絲**。

擅於閒聊的人通常不會引發客訴

懂得「**閒聊**」的人，因為討人喜歡，通常不會引發客訴。

我除了專門處理客訴應對案件之外，每年都會接到的工作之一，還有婚姻活動司儀這一項（笑）。

在每一次的活動上，我都會注意到一個現象。

那就是，外貌長得不夠帥又不會閒聊的男生，通常都無法拉近和女生之間的距離而陷入苦戰。相對於此，我個人認為沒有多帥的男生，卻可以靠著閒聊討女生開心，大受歡迎。

另外，像是一些受到常客歡迎的居酒屋，店員通常都會和顧客閒聊。透過閒話家常，可以和顧客建立良好的關係，顧客也會開心地不斷上門光顧。

我有一個企業客戶，公司裡分別有一位經常被投訴的業務員，以及一位受到客戶瘋狂支持，從來沒有被投訴過的業務員。

這位經常被投訴的業務員，老是被客戶提出降價的要求，例如：「你們的東西好貴。如果你不算我便宜一點，我就要找別家廠商。」

另一方面，受到客戶強烈支持的業務員，卻表示自己從來沒有被要求降價。這之間的差異，就在於懂不懂得跟客戶閒聊。

不會閒話家常的業務員，和顧客的交情不深，交易關係「只建立在商品價格上」。

我自己也當過十幾年的業務員，很清楚**客戶不買單的原因，通常都不是因為商品價格太貴，而是因為沒有價值**。那麼，必須具備什麼價值呢？

顧客之所以不買單，是因為覺得沒有和這個業務員做交易的價值，才會認為商品價格太高。**對顧客來說，比起買什麼，更重要的是跟誰買**。

一旦顧客覺得喜歡這個人，就不會有抱怨，也不會提出降價的要求。

我每個月都會到東京惠比壽一家叫作「Belead EBISU」的美髮沙龍剪髮。前前後後算起來也有五年多了，每次都是指名一位叫關田大輔的設計師。他的時間很難預約，是個非常受歡迎的設計師。

我因為工作的關係，經常在演講和諮詢場合上面對眾人說話，所以私底下不太愛講話。不過，每次這位設計師在幫我剪頭髮時，我都會不由自主地和他聊得非常開心。也因為這樣，我成了他的死忠顧客。

在和他若無其事的閒聊當中，我經常可以獲得許多演講的靈感，或是可以分享給客戶的想法。

我想，他之所以成為受歡迎的設計師，除了專業的技術之外，也因為他提供了透過閒聊讓顧客開心的另一個附加價值。由於從他身上得到的快樂和值得學習的東西，遠超過付出的金錢，所以每一次和他見面，我都覺得自己賺到了，等不及想開心付錢。

以上分享的幾個例子，共同點都是**「讓眼前的顧客開心」、「讓顧客喜歡自己」等以顧客為中心的想法**。

只要讓顧客開心，身邊就會充滿死忠粉絲，被投訴的情況也會跟著減少。這一點請各位謹記在心，並試著實際去執行。

擅於應對客訴的組織的共通點

擅於應對客訴的組織，都有一個共通點，就是內部建立了一套客訴意見共享的制度。

當公司或組織的經營者或主管要求員工「不要有客訴發生！」時，底下的員工通常都會隱瞞客訴事件。

而且，在不容許客訴發生的組織中，當員工接到客訴時，都會自己想辦法獨斷做出應對。

為了避免這種情況發生，各位必須針對客訴意見做好內部共享，建立一個以組織做出應對的制度。

「謝謝你明確的回報！」

當客訴發生時，請用這種方式，肯定及時提出報告的下屬。若上司做得到這一點，組織發生客訴的機會就會大幅減少。下屬也不會再靠自己想辦法，而是將情況迅速回報給上司，讓麻煩情況能夠減到最少。

對於不隱瞞客訴、敢及時提出報告的員工，如果公司主管的態度是給予苛責，例如：「為什麼會發生這種事！」日後員工再遇到客訴，就會遲疑是否該提出來。

於是，當員工自己想辦法，最後卻解決不了，只好向上報告時，事情已經「為時已晚」了。情況已經變得複雜，難以解決，成了無法收拾的重大客訴。

在這裡，我想跟各位分享一個讓我深受感動的例子。

每年我都會在東京千代田區的「庭之飯店」（庭のホテル）舉辦研習講座。在一次為期三天的講座當中，我在午休時間和學員一起在飯店內的日式餐廳用餐，發生了以下事件。

用餐結束，飯店員工來為我們倒茶時，不小心打翻桌上的茶杯，弄濕了我的外套以及放在桌子底下的公事包。由於只是稍微被潑到，擦一下就沒事了，所以我一點都不在意。

反倒是打翻茶杯的員工，不斷滿臉歉意地向我道歉，讓我感到不好意思。幾分鐘之後，一位像是餐廳經理的男性隨即來到我身邊，以主管的身分再次向我道歉。

餐廳員工不僅將客訴事件報告給上司，而且上司也及時做出應對。光是這一點就讓我覺得做得很好。不過，沒想到隔天我在辦理退房時，飯店總經理又出面再度向我表達歉意，令我大受感動，甚至想謝謝他們。

在這裡，我希望各位留意的是，這家飯店厲害的地方是內部建立了一套迅速通報客訴與問題狀況的制度。

這一連串讓人覺得「竟然做到這種地步！」的道歉和關心的應對，讓我為之著迷，從此成為該飯店的死忠顧客。

我也經常在演講和待客相關的研習講座上分享這個例子，根本就像是該飯店的公關經理一樣，不斷對外散播正面的好口碑。

強化客訴應對的守則和流程

擅長客訴應對的組織，通常都具備客訴應對的標準作業守則。

不過，各位不需要訂定完善的相關守則。只要針對最常發生的前三種客訴問題，制定應對守則就行了。

認為客訴的應對只要視情況臨機應變就好的企業，通常都會做出錯誤的應對，因而失去顧客的信賴。為了避免這種情況發生，事先明確制定出應對守則就顯得相當重要。

在委託我協助制定客訴應對守則的客戶當中，很多都希望可以針對大約二十種客訴問題來制定相關守則。不過，就算訂立了二十個做法，也沒有員工記得住，所以我通常會建議「**只要三種就夠了**」。

只要針對商品和服務相關的客訴、待客應對相關的客訴、因為顧客單方面的想法或誤解而引發的客訴等，最常發生的三種客訴問題，事先訂立應對守則，就足以應付九成的客訴狀況了。

相對地，對於這三種最常發生的客訴，上從董事長，下至剛進公司的計時員工，全公司每個人都必須做到相同的應對。我認為這才是最理想的狀態。

制定應對守則的方法很簡單，只要一一套用我在本書中不斷提到的「應對客訴的五大步驟」就行了。各位可以從以下幾個角度去思考，制定出應對的相關守則，包括：「對於這種客訴，最適合用什麼道歉的說詞？」「必須包含哪些表現同理心的說法？」「雖然要聽過顧客的說明才會知道該怎麼做，不過可以先假設哪些解決對策？」「以前公司曾經對顧客提出什麼解決方案？」

一旦開始針對最常發生的三種客訴制定應對守則，我相信各位一定會發現，**在某種程度上，要是不下放權限給第一線的員工，在應對上會有一定的難度**。

也就是說，如果知道經常會發生哪些客訴，就必須事先給予現場的應對者裁決權，告訴他，就算主管不在，也可以依照守則自行應對到何種程度。

反過來說，讓沒有裁決權或權限的人去應對客訴，是相當危險的一件事。因為有些時候，不知該應對到什麼程度，也沒有權限的應對者，由於不想亂說話造成公司的困擾，會索性以制式的回應隨便應對，反而激怒顧客。

即便經營者或主管、店長不在，只要現場擁有「可自行應對到這種程度」的權限，員工就會想辦法好好面對顧客而不會逃避。

從這個角度來看，應對守則果然還是必要的。對整個組織來說要做到何種程度，請各位務必明確制定一套相關的指南。

否則員工實在太可憐了。由於這也有要求員工遵守的作用，因此，經營者或主管必須依照企業理念，明確制定整個組織應對投訴顧客的方法，以及面對客訴的態度。

沒有權限的第一線應對者，也請藉著這樣機會，試著向主管提議：「這種客訴經常發生，對第一線的員工來說非常困擾，所以請給予我們相關權限，讓我們知道該應對到何種地步。」

這才是真正超越一流的應對！

Part 2

這是我在幾乎每天都會光顧的咖啡店裡，親眼看到的例子。

有一位年約四十歲、看似上班族的男性衝進店裡，非常氣憤地激動大罵：「我剛才外帶了一杯咖啡，裡頭竟然沒有放糖包和奶油球！」讓店裡的氣氛瞬間凍結。

這時，櫃檯內有個看似工讀生的男店員，主動靠近那位憤怒的男性說：**「有這種事？造成您這麼大的不便，實在非常抱歉！」**他非常專業地表現出有限度的道歉，並不斷向對方鞠躬致歉。

那位憤怒的男性雖然稍微冷靜下來，卻繼續進一步逼問。

男顧客希望對方理解的重點

「我就是趕時間才叫外帶，結果為什麼沒有放（糖包和奶油球）！」

對此，店員拿起糖包和奶油球，以同理的態度，再一次向顧客表達歉意：**「是這樣啊。您這麼趕時間，我們卻應對不周，實在非常不好意思！」**

接著，他非常厲害地提出解決方案：**「現在這樣，您也無法開心享用熱騰騰的現煮咖啡了。需要我們為您重做一杯嗎？」**

如此充滿關心的應對，讓原本憤怒的男顧客完全冷靜下來，變得有點不好意思地回答店員：「那太好了，麻煩你了。」

最後，男顧客拿著裝有重新煮好的咖啡，以及糖包和奶油球的紙袋，不太好意思地笑著跟店員說「謝謝」，然後離開了店裡。

這時候，店員還對著顧客離開的身影大聲致謝：**「很抱歉讓您多跑一趟。感謝您的光臨，期待下次再為您服務！」**

這種迅速且完美的應對，讓店裡所有顧客都感到佩服。原本緊迫的氣氛頓時一變，就像什麼事都沒發生一樣，又回到溫馨舒服的氛圍。「太強了！這種應對！那個店員根本就是神！那只有神才做得到吧！」就連我身旁的男高中生，也不禁以現今的流行用詞，對這位店員致上最高的肯定（笑）。

這位看似工讀生店員的完美應對，實在非常厲害，根本是無可挑剔的「**超越**

一流的客訴應對」。

不過，我認為這種應對方式，應該是組織內部事先準備好的做法。我想這家咖啡店應該有針對最常發生的三種客訴問題，明確制定出應對守則。

根據我的推測，我猜店員在處理外帶時，應該經常忘記放糖包和奶油球。這當然是不能犯的疏失，而且也不容許再犯。

不過，再怎麼小心預防，畢竟是人會犯下的疏失，所以一定會發生。因此，內部才會事先制定應對守則，要求員工如果忘了給顧客糖包和奶油球，就遵照「先道歉」、「再表現同理心」、「最後提出重做一杯新咖啡的解決方案」的方式來應對。而且我推測，公司應該有給予現場員工應對的權限。這份**權限的下放，是為了把顧客擺在第一**。

面對極度憤怒的顧客，一般人通常都無法瞬間做出應對。為了讓員工不被嚇到而能鎮定地做出應對，「**準備**」工作絕對必要。前述完美的待客事件，讓我重新認識了這個道理。

我想，那位憤怒的男顧客，肯定會因此成為那位店員的忠實顧客，以後還會繼續上門光顧。

結語

每個人都有讓顧客轉怒為笑的能力

非常感謝各位讀到最後。有什麼感想嗎？

為了覺得客訴很可怕、討厭到不行，或是對應對客訴感到壓力的各位，我已經將所有想傳達的方法，全都寫在這本書裡了。

我花了非常多時間，用盡全心全力在這本書上。

假使各位能夠實踐書中的方法，就算只有幾個，我相信一定都會慶幸自己讀了這本書。

最後，我要告訴各位的是，老實說，我原本已經不打算再寫和應對客訴相關的書了（笑）。

因為我覺得自己在二〇一一年出版的《「生氣的顧客」，才是真正的神！》（暫譯），已經把該說的都說了。

不過，自從那本書出版之後，這六年多來，我自己也透過客訴管理顧問的身分，接觸到各個不同行業的客戶，面對各種不同狀況的客訴應對案例。

這些讓我感覺到，如今有必要稍微改變以前的做法。在以顧問的身分提供建議給各個企業的過程中，我重新發現到許多道理。

不僅如此，以客訴管理顧問的身分累積這麼多經歷之後，我的想法也有了改變。由於覺得很多東西如果可以用其他角度多做說明，應該可以變得更實用，更有幫助，我才決定寫這本書。

在這本書當中，我也提到前一本裡沒有提到的、針對惡質客訴的應對方法。在前一本著作中，我之所以沒有碰觸到惡質客訴和不知該如何應對的客訴問題，是因為我想消除日本社會對客訴的負面觀感。

媒體經常只針對極少部分的惡質客訴大作文章，造成大眾對客訴產生負面印象，而這就是我想消弭的觀感。

舉例來說，就像有電視節目在採訪時問我：「你怎麼看待現在的恐龍家長？」我的回答同樣是：「或許真的有少部分這樣的家長，不過事實上，更多的情況是因為學校老師傾聽得不夠，家長才會提出（適當的）意見。」

然而，媒體卻只想把焦點放在惡質客訴的現象上，對於我提出的「惡質的奧客其實只有極少部分。一般人都只是因為店家第一時間的應對錯誤，才會被惹怒」看法，在節目裡幾乎完全沒有提到。

正因為報紙和新聞節目只針對惡質的客訴做報導，大眾才會對客訴產生負面觀感，甚至將出於「愛」而好意提醒的顧客，也視為奧客等壞人對待。我想打從根本扭轉這種因為媒體報導使得愈來愈多人對客訴感到恐懼的因果關係，所以在前一本著作當中，並沒有提到惡質客訴的部分。

不過在這本書，我認為這個部分非觸及不可，才將它納入內容中。

富士電視網的資訊綜藝節目《真的假的？！TV》，也曾經針對實際發生的怪獸奧客做過相關的討論。這是因為現在大家已經重新認識到，必須能夠分辨惡質和出於善意的客訴，懂得用不同方法去應對，才能做到超越一流的應對。

我希望透過讓更多人學會分辨惡質的客訴和應對方法，讓這個社會愈來愈少人對客訴感到恐懼或厭惡，所以我才認為自己有必要針對這更進一步的客訴問題為大家做介紹。

託大家的支持，讓我有許多機會為各位進行演講和研習講座。有愈來愈多依照我的建議去實踐的客戶都表示：「現在已經不會再害怕接到客訴了！」「不會再因為應對客訴而感到有壓力！」「我希望可以讓顧客轉怒為笑！」「不曉得為什麼，應對客訴變有趣了！」等。

由於聽到許多人「希望也能透過書籍學到這些演講內容」的心聲，讓我決定要寫這本書。對於提供我這次機會的日本實業出版社，在此我要致上衷心的感謝。實在非常感謝他們。

這本書從企畫到出版，足足花了將近一年的時間。在這一年當中，我就連假日也不停埋首寫作，可能因此冷落了最重要的家人。我總是在家一臉嚴肅地面對著電腦螢幕，或許也害家人為我擔心不少。

藉著這個機會，我想向太太麻弓，以及長女優花和次女笑花，表達我的歉意和感謝。

「很抱歉。另外，也謝謝你們！」

有一件事，我想拜託閱讀本書的各位。

請各位一定要將本書學到的方法，實際運用在客訴應對上。千萬不要只是看過就算了，請試著親自去實踐這些做法。

書中提到的內容，除了我自己的經驗所學以外，也包含許多我的客戶和朋友認真應對客訴，讓顧客轉怒為笑的故事。各位千萬不要辜負了這些寶貴的經驗（這是我的真心吶喊）。

雖然這是一本談論客訴應對的內容，不過基本上，我都是針對在社會上工作處事的方法，提出自己的想法。

不只是應對客訴的人，也包括提出客訴的人在內，我都為各位分享了用笑容面對這個客訴社會的方法。

如果透過這本書，可以幫助各位消除客訴帶來的壓力，每天愉快地面對工作和生活，我將會感到非常開心。

每個人都擁有讓顧客轉怒為笑的能力。真的！

當顧客轉怒為笑時，那種彷彿自己也受到安慰的開心心情，希望各位也能親自體驗感受。

那麼，接下來就換你上場囉！

二〇一七年十一月

谷 厚志

客訴管理：讓你氣到內傷的客訴，這樣做都能迎刃而解

どんな相手でもストレスゼロ！超一流のクレーム対応

作　　者——谷厚志
譯　　者——賴郁婷
封面設計——江孟達
內文排版——劉好音
特約編輯——洪禎璐
責任編輯——劉文駿
行銷業務——王綬晨、邱紹溢、劉文雅
行銷企劃——黃羿潔
副總編輯——張海靜
總 編 輯——王思迅
發 行 人——蘇拾平
出　　版——如果出版
發　　行——大雁出版基地
地　　址——231030 新北市新店區北新路三段 207-3 號 5 樓
電　　話——（02）8913-1005
傳　　真——（02）8913-1056
讀者傳真服務——（02）8913-1056
讀者服務 E-mail—— andbooks@andbooks.com.tw
劃撥帳號 19983379
戶　　名 大雁文化事業股份有限公司
出版日期 2024 年 2 月 再版
定　　價 420 元
ISBN 978-626-7334-64-5

國家圖書館出版品預行編目資料

客訴管理：讓你氣到內傷的客訴，這樣做都能迎刃而解／谷厚志著；賴郁婷譯 . – 再版 . – 新北市：如果出版：大雁出版基地發行，2024. 02
面；公分
譯自：どんな相手でもストレスゼロ！超一流のクレーム対応
ISBN 978-626-7334-64-5（平裝）

1. 顧客關係管理 2. 顧客服務

496.7　　113000037

如果